用电信息采集系统
典型故障分析

国网四川省电力公司技能培训中心
四川电力职业技术学院
国网四川省电力公司营销服务中心
组编

刘晨 主编

中国电力出版社
CHINA ELECTRIC POWER PRESS

图书在版编目（CIP）数据

用电信息采集系统典型故障分析 / 国网四川省电力公司技能培训中心，四川电力职业技术学院，国网四川省电力公司营销服务中心组编；刘晨主编 .— 北京：中国电力出版社，2023.12
ISBN 978-7-5198-8467-3

Ⅰ .①用… Ⅱ .①国… ②四… ③国… ④刘… Ⅲ .①用电管理—管理信息系统—故障诊断
Ⅳ . ① TM92

中国国家版本馆 CIP 数据核字（2023）第 252329 号

出版发行：中国电力出版社
地　　址：北京市东城区北京站西街19号（邮政编码100005）
网　　址：http://www.cepp.sgcc.com.cn
责任编辑：杨敏群　柳　璐　王　欢
责任校对：黄　蓓　朱丽芳
装帧设计：赵丽媛
责任印制：钱兴根

印　　刷：三河市航远印刷有限公司
版　　次：2023年12月第一版
印　　次：2023年12月北京第一次印刷
开　　本：787毫米 × 1092毫米　16开本
印　　张：14.25
字　　数：224千字
定　　价：80.00元

编委会

主　编　刘　晨

副主编　严晓丹　王家驹

参　编　高　犁　闫占新　方建全　薛莉思　龚　嫄
陈维民　唐　杰　钟　黎　孙晓璐　张　然
石富童　谭　琦　李达炜　吴　蒙　卢金全
廖开吉　徐根厚

主　审　严　平　张福州

前言
PREFACE

用电信息采集系统（简称采集系统）是坚强智能电网的重要组成部分，也是智能营销体系的技术基础，其安全可靠运行直接关系到智能电网“信息化、自动化、互动化”发展水平。随着采集系统建设规模和覆盖率的逐年提高，其应用领域逐步扩大，应用成效显著提升。但由于采集系统组成结构复杂、通信方式众多、现场环境多变、设备供应商技术水平参差不齐，给采集系统日常调试消缺工作带来了巨大挑战。因此，为更好地支撑国网四川省电力公司开展智能营销体系建设，亟需加强从业人员对采集系统的故障分析和处理能力，系统分析研究故障现象甄别和处置措施，及时解决各类现场故障，进一步提高采集系统的运行效率和应用水平。

为提高各级供电单位故障处理能力，开展采集故障现象甄别、原因分析和处置方法等相关内容研究，指导各单位做好故障处理和隐患排查工作，有效降低用电信息采集系统各类故障影响。通过组织收集各单位采集系统的典型故障现象、故障原因、处置方法、防范措施等信息，经汇总、分析、提炼，编制《用电信息采集系统典型故障分析》，为各单位快速甄别、处理用电信息采集故障，防止潜在质量隐患扩大提供指导和帮助。

本书对收集到的采集系统典型故障进行整理，归纳为常规典型故障、主站常见问题、终端常见问题、电能表常见问题、上行模块常见问题以及下行模块常见问题等6大类，全面覆盖采集系统通信信道、终端软硬件、通信单元、电能表的各个关键环节，并通过典型故障案例分析，详细阐述故障甄别处置方法，旨在帮助采集系统运维人员提升用电信息采集故障诊断处理能力，切实提高采集系统运维质量和效率。

本书由刘晨、严晓丹、王家驹、高犁、闫占新、方建全、薛莉思、龚嫄、陈维民、唐杰、钟黎、孙晓璐、张然、石富童、谭琦、李达炜、吴蒙、卢金全、廖开吉、徐根厚等编写，国网四川省电力公司营销服务中心严平、国网四川省电力公司张福州主审。编者长年从事电力计量专业管理、科学研究、业务办理、现场作业等工作，具备扎实的理论基础、管理经验和技能水平。本书内容涵盖电力用户用电信息采集系统的全业务链条，希望能对电网企业电力计量采集的运维管理提供有益的参考和帮助。

本书的出版获得国网四川省电力公司2023年科技项目经费支持。

由于编者水平有限，时间仓促，书中不足之处敬请广大读者批评指正。

编者

2023年11月

目录 CONTENTS

1 采集系统概况

用电信息采集系统是集现代数字通信技术、计算机技术、电能计量技术和电力营销技术为一体的电能信息采集与监控管理系统，简称为采集系统。可系统实现对专用变压器用户、地方电厂、城乡公用变压器、小水电用户等不同类型采集点统一进行数据采集，并在采集数据的基础上扩大应用的纵深发展，深挖业务功能应用，在计量装置监测、配电变压器运行监测、供电质量分析、用户服务等方面进行创新和发展，并通过系统的监管功能为管理者提供决策依据，从而为电力企业经济效益和社会效益的进一步提高提供必需的技术保障和信息支撑。

1.1 采集系统定位

采集系统以国家电网有限公司战略为统领，准确把握“感知数据总入口、控制指令总出口”的定位，保持系统的完整性、独立性，采用“总部–省”两级部署模式，遵循“架构普适前瞻、技术稳定先进、功能独立扩展、界面量身定制”设计理念，是性能卓越、功能丰富、安全稳定的客户侧能源互联网基础系统，支持各类用能设备的全接入、全采集、全控制，支撑“碳中和、碳达峰”行动方案落地、电力市场化改革、清洁能源消纳和用户能效诊断，服务各级政府、广大客户、公司各部门、各专业的数据和业务需求，助力能源转型和数字化转型。

1.2 采集系统架构

1.2.1 物理架构

采集系统从物理上可根据部署位置分为采集系统主站、通信信道、采集设备、电力用户四部分（见图1–1），与公网信道采用防火墙进行安全隔离，保证系统的信息安全。

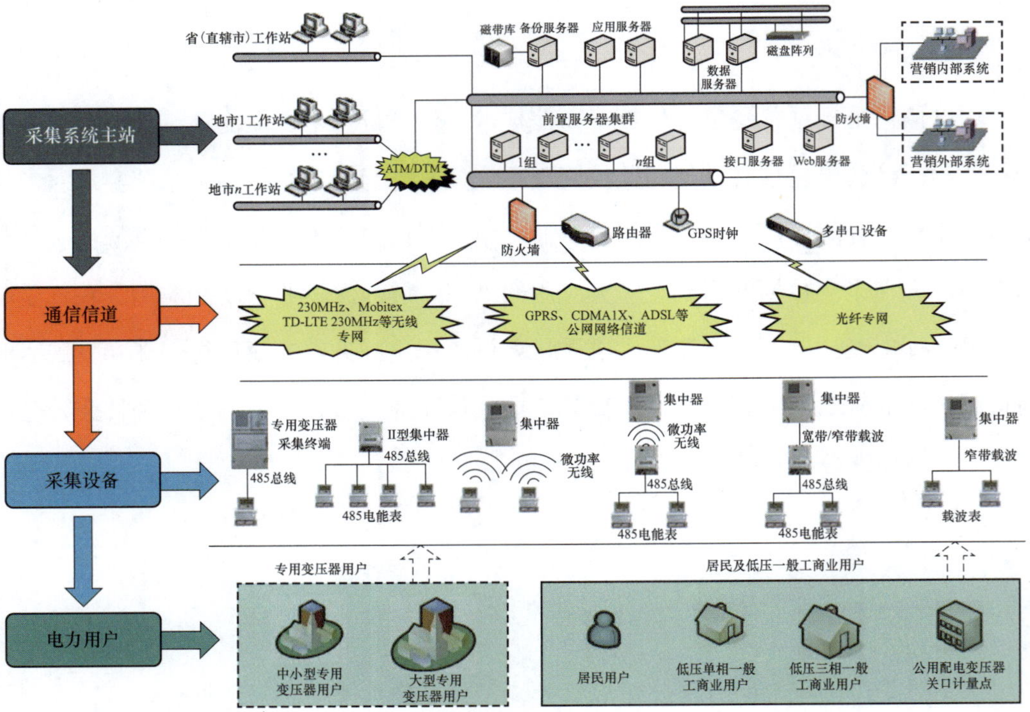

图1–1　采集系统物理架构

（1）采集系统主站网络的物理结构主要由数据库服务器、磁盘阵列、大数据平台服务器集群、应用服务器集群、统一接口平台服务器集群、前置通信服务器集群（包括通信前置机服务器、通信网关服务器、负载均衡器等）、防火墙设备以及相关的网络设备组成。

（2）通信信道是指系统主站与终端之间的远程通信信道，主要包括光纤信道、GPRS/CDMA无线公网信道、230MHz无线电力专用信道、北斗卫星等。

（3）采集设备是指安装在现场的终端及计量设备，主要包括专用变压器终端、集中器、采集器以及电能表等。

1.2.2　业务架构

采集系统对基础资源进行提炼、抽象和封装，从安全防护、基座管理、通信管理、数据存储、数据计算、调控管理、数据服务、监测应用和应用服务进行构建，满足采集系统基本数据采集、存储、计算、调控和访问的完整逻辑，为生产应用和交互服务提供全方位支撑。同时，整合运行监控能力，具备系统监测、组件监测、告警预警等功能，对系统的资源、组件、服务及应用实现一体化监测与管理。采集系统业务架构如图1–2所示。

（1）安全防护。为采集系统提供全面安全支撑。安全认证通过应用鉴权、数据安全、接口鉴权、通信安全提供多维度的安全保障；设备安全通过对应技术、管理手段对机房、服务器、网络设施提供硬件层面的安全防护；组件安全设立组件防护机制，对基座内各组件进行安全保障；应用安全针对基座上运行的计算任务和微应用建立服务安全体系，保障业务正常、安全地开展。

（2）基座管理。为数据平台管理实现组件安装、升级、参数配置，通过统一数据访问服务解决前端微服务应用与数据存储适配，提供统一访问工具，通过元数据管理实现数据信息管理和血缘关系维护，同时支撑数据集成、数据清理和数据开发；微应用管理从基础设施到前后端全面提供了容器化的支持，提供完整的镜像制作及推送支持，提供完整编排文件及自动化部署脚本，基于容器化按需实现可持续集成方案。

（3）通信管理。为数据采集和设备控制提供基础通信能力，包括现场设备的登录认证服务，设备连接、报文预处理、规约解析等底层算法及工具，并在此基础上构建高级功能及组件，如数字孪生/通信代理、规约插件管理等。

（4）数据存储。数据存储策略采用混合数据存储架构，对应多个数据域，涉及多种数据存储形式，充分满足用采数据存储多样性及统一数据访问的要求，同时满足高并发海量数据存取、复杂关联关系查询、数据计算分析、数据管理等多维度应用需求；生命周期管理从数据规模、重要程度、业务应用等方面分析，对冻结类数据、曲线数据、分钟级数据、统计分析等数据进行存储周期设计。

（5）数据计算。通过实时计算、批量计算、数据分析三个层级的计算处理能力，结合计算任务的编排与调度工具，为核心能力的数据计算服务提供支撑，满足各类数据处理、应用、分析场景需求。

（6）调控整理。通过实时库存储调控对象校核后的各类数据项，实现对调控对象各类指标的实时全景化监控，为调控计划编制提供支持；多目标、多约束、多时段调

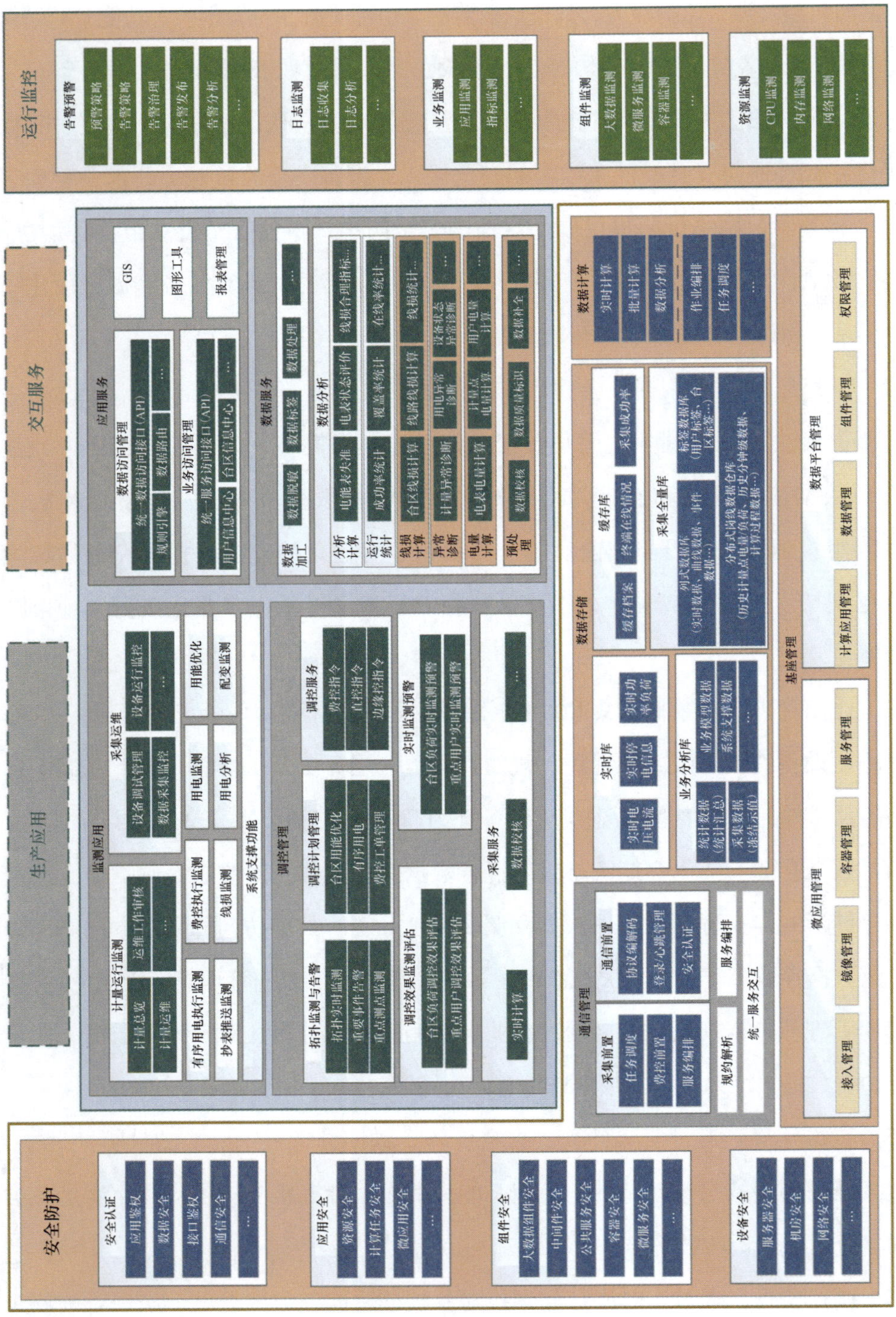

图1-2 采集系统业务架构

控计划的辅助决策、自动编制、优化和分析评估；具备执行调控计划的能力，为调控管理提供安全保障和应急方案，包括有序用电效果评估、台区负荷调控效果评估。

（7）数据服务。在数据存储和计算分析基础能力之上，构建标准化数据接入、加工入口，实现新一代用电信息采集系统核心数据计算功能。数据接入针对多种存储介质的技术特点，提供高并发数据写入实现，对采集到的数据进行校核入库，支持系统内部多个数据库、外部数据源之间的复制与同步；数据加工提供数据脱敏、数据集市、数据标签、数据补全等实用操作；计算服务运用实时计算、批量计算、数据分析等技术手段，实现核心计算功能，结果数据保存至业务库，并通过监测服务对外提供数据。

（8）监测应用。以微服务形式为生产应用和交互服务提供标准化数据访问实现，包括采集运维、计量在线监测、有序用电执行监测、抄表发布、费控监测、线损监测、配变监测、用电监测、用能优化等应用。

（9）应用服务。通过数据、业务访问服务设计，提供统一数据、服务调用接口，实现基座内各应用规范化调用，基于GIS、报表管理、图形工具等公共服务支撑各项生产应用的业务开展。

（10）运行监控。运行监控能支撑系统对基座、生产应用、交互服务的各类软硬件资源和服务实现一体化监测与管理。资源监测对基座基础资源的使用情况和健康度进行实时监控并提供历史状态查询；组件监测对基座内大数据组件、中间件、微服务、容器等组件实现统一形式的状态捕获，对系统各组件服务的运行状态、健康情况等实现一体化监测与管理；业务监测对微应用、计算应用进行实时监控，在对任务执行状况监测的基础上，实现业务指标的跟踪监测；日志监测提供统一的日志收集、处理、分析、检索能力；告警预警结合各维度监控信息，结合日志分析，提供告警规则的配置与实现，支持邮件、短信等多种告警形式，并提供可扩展接口，满足不同网省的差异化需求。

1.2.3 技术架构

如图1-3所示，采集系统在总体技术架构上，涵盖采集通信、调控管理、存储计算、应用交互、运行监控、基座管理、安全防护七部分。

（1）采集通信。基于异步事件驱动的网络程序框架（Netty）、消息中间件（Kafka）

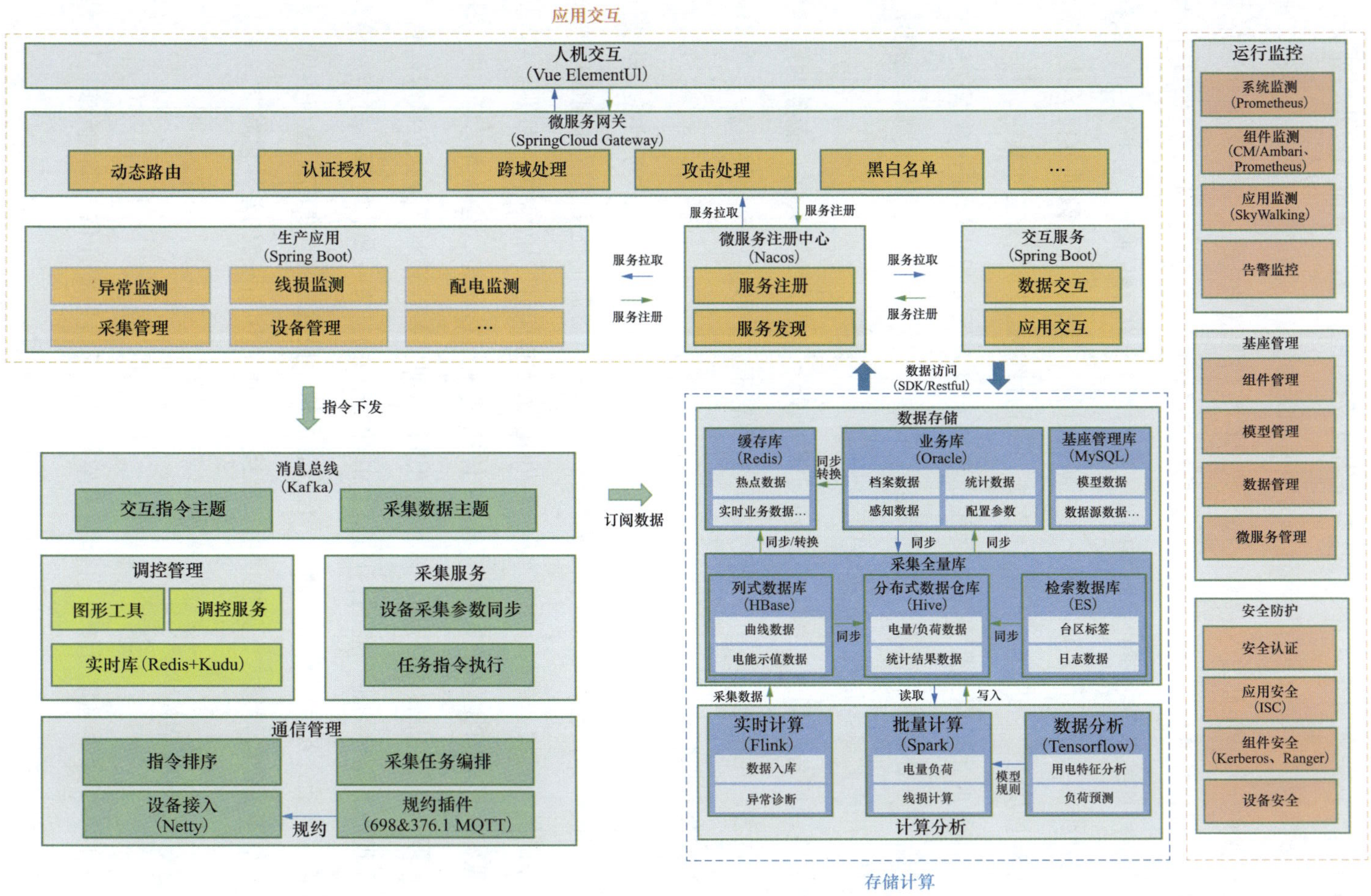

图1-3 采集系统技术架构

等技术，实现通信管理、采集服务等服务能力，满足全量数据的定制化与分钟级采集、设备秒级控制等高频采集调控需求。

（2）调控管理。基于实时库（Redis+Kudu）、图形工具（自研）、实时计算（Flink）等技术，以调度自动化理念设计，支撑费控管理、有序用电、需求响应、用能优化等调控类业务。借助营配调电网模型及运行方式，构建全网一张图，通过实时监测告警，以调为主，双向互动，以控为辅，实现智能控制方案。

（3）存储计算。基于列式数据库（HBase）、分布式数据仓库（Hive）和关系型数据库（Oracle、MySQL）等存储技术，构建面向多源异构、结构化、非结构化的存储模式，通过数据生命周期管理和灵活的存储策略实现数据存储分离，提高系统数据应用效率。运用实时计算（Flink）、批量计算（Spark）等技术，融合数据分析（Tensorflow）组件，实现海量数据实时计算、批量快速处理，满足不同业务场景对计算频率的需求。

（4）应用交互。基于微服务架构（SpringCloud）和容器技术（Docker+K8s），采用前后端分离开发模式，实现业务需求快速响应，应用交互服务按需提供，为生产应用和交互服务提供灵活、高效、可靠的支撑能力。同时采用MVVM模式的渐进式框架（VUE），结合可视化组件（ElementUI等），构建人机交互界面。

（5）运行监控。基于系统监控（Prometheus）、组件监控（CM/Ambari Prometheus）应用监控（SkyWalking）等服务组件，构建运行状态监测、异常实时监测、主动告警与异常处置等能力，实现系统资源、技术组件、应用服务的统一监控。

（6）基座管理。基于CM/Ambari、Hue等组件，构建组件管理、模型管理、数据管理、微服务管理等可视化管理体系，实现系统资源、服务组件、存储计算及微应用的统一管理。

（7）安全防护。自研应用鉴权、接口鉴权、数据安全等组件，结合Kerberos等第三方安全服务，实现安全认证与防护，保障新一代用电信息采集系统安全运行，同时引入加密机、安全接入网关等安全设备，保证设备接入安全。

1.2.4 安全架构

按照《电力监控系统安全防护规定》（国家发展改革委〔2014〕14号）和《电力

监控系统安全总体防护方案》(国家能源局〔2015〕36号)对电力监控系统安全防护要求，采集系统分散部署在省公司自建营销生产控制大区和管理信息大区，仅在管理信息大区保留必需模块，其余模块均部署于营销生产控制大区。其中，管理信息大区部署Web应用的微前端和交互共享服务；营销生产控制大区部署Web应用的微应用、微服务(采集类、设参类、控制类、计算类)、前置服务、数据库等模块。

采集系统通过部署密码机、签名验签服务器、安全接入网关、正反向隔离装置、防火墙等硬件防护设备及安全防护软件模块，加强采集系统安全防护能力，满足国家和公司对信息系统安全防护的要求。

(1)多层面全方位防护。从边界、业务、应用、网络、终端、数据、主机、物理、安全监测、安全管理等层面对采集系统进行全面防护。

(2)合理分区，重点加强边界防护能力。参考《电力监控系统安全防护规定》《电力监控系统安全总体防护方案》对电力监控系统安全防护要求，在省公司营销机房新建营销生产控制大区，管理信息大区仅保留必要模块，其余模块均部署于营销生产控制大区，营销生产控制大区和管理信息大区之间通过正反向隔离装置进行物理隔离。重点加强“带控类”业务安全防护，配备专用密码机服务器，对下发的控制类指令进行加密。新增营销安全接入区作为采集终端接入省侧采集系统主站的DMZ区。

(3)严格欠费跳闸控制管理。针对欠费跳闸控制业务提供更为严格的控制手段，跳闸控制列表与跳闸控制电子工单在营销业务应用系统需由营业专人进行审核与比对确认，跳闸控制列表与跳闸控制电子工单在流转过程中采取加密措施并利用该营业专人的身份标识(USBkey)进行签名，保证跳闸控制列表与跳闸控制电子工单的一致性和真实性。同时，增加费控功能软开关，执行费控期间打开，平时关闭。

(4)硬件安全防护与软件安全防护相结合。通过硬件安全防护与软件安全防护手段相结合，提升采集系统安全防护水平。

(5)利用基于国密算法的密码技术进行真实性与机密性保障。针对重要业务，通过VPN提供的网络层通道保护与加密能力，密码机与签名验签服务器提供的应用层加密/签名能力，保障信源数据真实性、数据传输过程中的真实性与机密性。通过设计密码软模块，实现感知设备层的高效、轻量级身份认证和数据安全交互。

采集系统整体安全布防结构如图1–4所示。

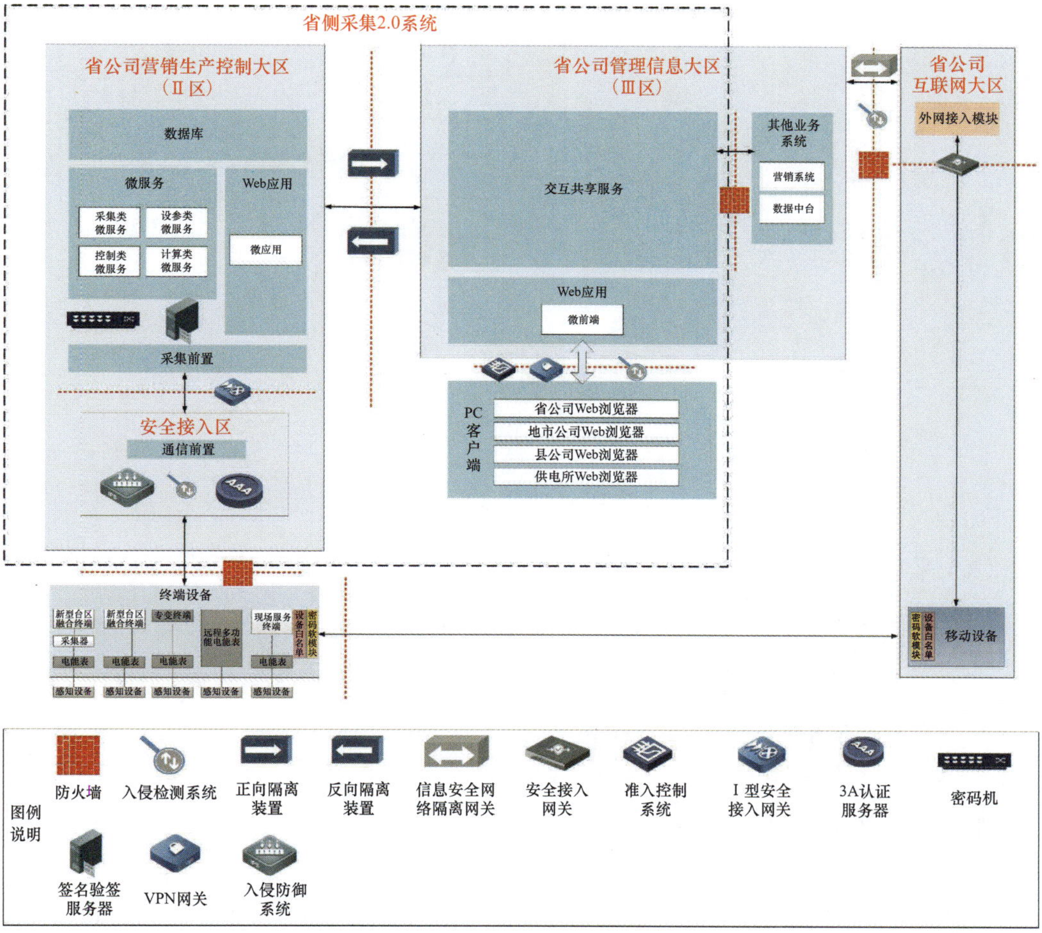

图1–4　采集系统整体安全布防结构

1.3　关键业务处理流程

1.3.1　数据采集

省公司根据实际业务需要编制采集任务，并固化到采集系统，采集系统根据采集任务的执行时间、执行频率、采集数据内容等信息自动定时采集现场的各类用户数据；

同时，统计各类任务采集执行状况，对采集失败的任务进行多次重复执行。数据采集流程如图1-5所示。

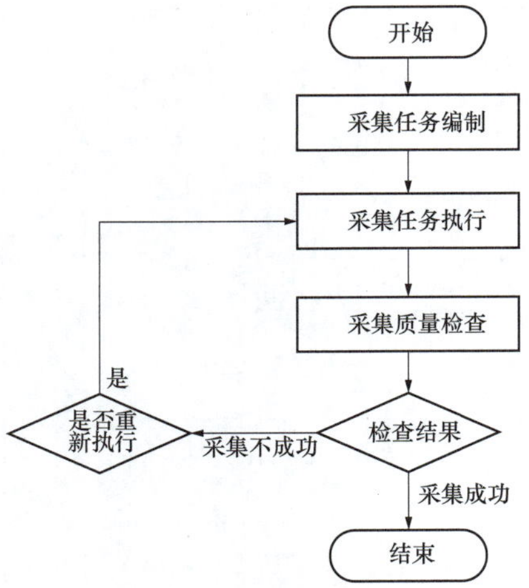

图1-5　数据采集流程

（1）采集任务编制，根据不同业务对采集数据的要求编制采集任务。

（2）采集任务执行，采集系统按照采集任务的内容自动定时开展现场数据采集。

（3）采集质量检查，校验的数据范围包含实时数据、日冻结数据、月冻结数据、曲线数据、事件数据、穿透抄表数据等。

1.3.2　数据校验

（1）抄表核算类数据校验。抄表核算类数据校验是指采集系统对待推送到营销系统的抄表数据按照既定的业务规则进行合理性验证。合理的数据采集系统自动推送到营销系统；不合理的数据采集系统进行存储记录，并初步分析数据不合理的原因，允许业务人员手动对数据进行分析并将分析后合理的数据手动推送到营销系统。

1）校验内容。数据校验的内容主要包括对日冻结电能示值、日冻结需量数据的数据缺项以及数据合理性两个方面。

抄表核算类数据校验流程如图1-6所示。

（a）采集系统针对待推送到营销系统的日冻结电能示值、需量两个数据项进行分别校验。

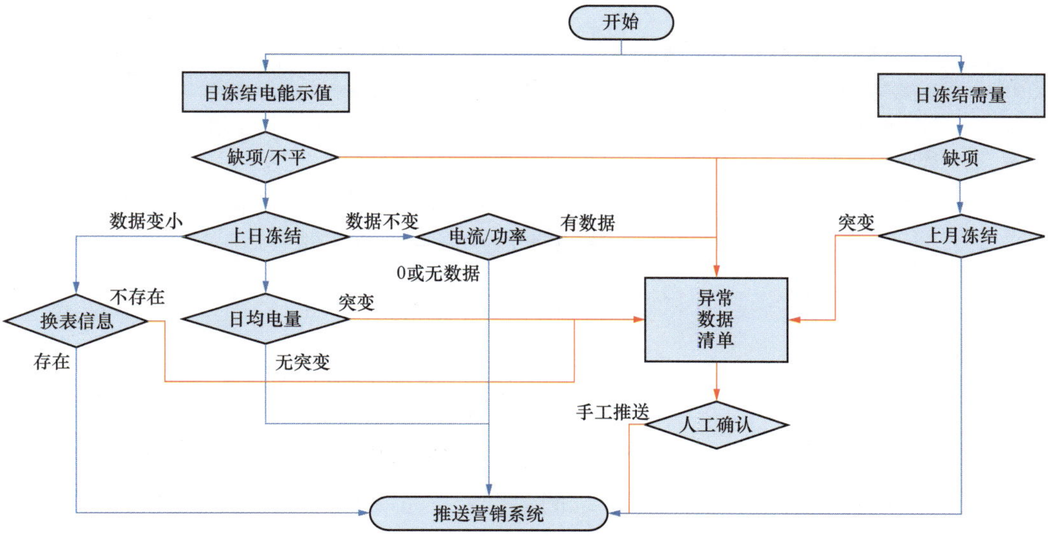

图1–6 抄表核算类数据校验流程

（b）日冻结电能示值主要校验数据是否缺项、电能示值不平、电能示值停走、电能示值倒走、电能示值飞走等疑似异常。

（c）日冻结需量主要校验数据是否缺项、需量是否突变等异常。

（d）对校验合格的数据，采集系统自动推送到营销系统；对校验不合格的数据，采集系统生成异常数据清单，并按照一定的业务规则进行异常原因的初步诊断，业务人员根据诊断结果以及相关关联分析结果，确定数据是否可以推送营销系统，可推送的数据进行人工推送。

2）校验规则。数据不合理判断规则见表1–1。

表1–1 抄表核算类数据不合理判断规则

序号	数据项	不合理项	判断规则
1	日冻结电能示值	电能示值停走	正向有功总电能示值＝前一天示值，且电流或功率＞0
2		电能示值飞走	非居民用户：运行容量大于10kVA，且正向有功总电量/（24×运行容量）＞1.2 居民用户：正向有功电量/月均电量＞2
3		电能示值倒走	正向有功总电能示值—前一天示值＜阈值（0.1），且无换表记录
4		电能示值不平	$R-(R_1+R_2+R_3+R_4)>0.03$，其中 R 为总电能示值，R_1~R_4 分别为费率1~4电能示值

续表

序号	数据项	不合理项	判断规则
5	日冻结电能示值	缺项	不完全满足营销系统定义的用户抄表示数类型，缺少部分数据项
6	需量	缺项	抄表例日不是1日的用户，需要用多日需量的最大值，多日需量存在采集失败等异常
7		突变	日需量/上月需量＞10

（2）费控类数据校验。费控类数据校验目前是指按照既定的业务规则对剩余金额、剩余电量数据的合理性进行校验以及根据剩余金额、剩余电量、告警阈值、跳闸阈值等综合分析设备状态合理性验证。合理的数据采集系统自动推送到其他相关系统；不合理的数据采集系统进行存储记录，并初步分析数据不合理的原因，允许业务人员手动对数据进行分析并将分析后合理的数据手动推送到其他系统。

1）校验内容。数据校验的内容主要是对电能表剩余金额、终端剩余电量及设备的跳合闸状态进行校验。

费控类数据校验流程如图1-7所示。

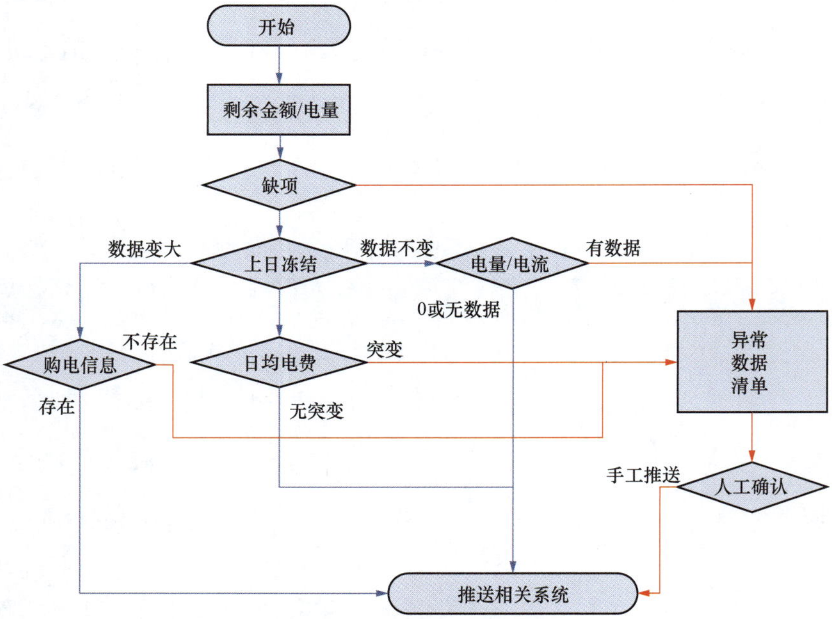

图1-7　费控类数据校验流程

2）校验规则。数据不合理判断规则见表1–2。

表1–2　费控类数据不合理判断规划

序号	数据项	不合理项	判断规则
1	剩余金额（电能表）	停走	日冻结剩余金额 = 前一天剩余金额，且电流或电量＞0
2		异常增大	日冻结剩余金额 > 前一天剩余金额，且无充值记录，或两天差值大于充值金额
3		异常减小	前一天剩余金额－日冻结剩余金额 >N× 日均电费（N默认为5）
4		缺项	剩余金额缺项是指缺少剩余金额、购电次数两项中至少缺少一项
5	透支金额（电能表）	停走	日冻结剩余金额 =0，透支金额不变化，且电流或电量＞0
6		告警异常	日冻结剩余金额 / 透支金额＜告警阈值，且电能表告警状态为未告警
7	开关状态（电能表）	跳闸异常	透支金额＞跳闸阈值（10），且电能表跳闸状态为合闸（电能表处于非保电状态）
8	剩余电量（终端）	异常增大	日剩余电量＞前一天剩余电量，且无购电记录，或两天差值大于购电量
9		停走	日剩余电量 = 前一天剩余电量，且电流或电量＞0
10		异常减小	前一天剩余电量－当日剩余电量＞ N× 日均电量（N默认为5）
11	开关状态（终端）	跳闸异常	剩余电量＜跳闸阈值，且终端购电控处于投入状态且终端跳闸状态为合闸（终端处于非保电状态）

1.3.3　费控业务

采集系统与营销费控业务相关的融合包括低压充值，低压费控、电价下发、电价巡检、高压充值、高压费控等6类服务（见图1–8），具有并发性、实时性、可靠性、安全性都非常高的特点，所以互相之间采用对外服务的方式进行数据交互。

流程描述：

（1）采集系统对营销业务系统提供充值、电价下发、电价巡检及费控等服务。

（2）营销业务系统作为业务发起者调用请求采集系统相关费控业务等服务。

（3）采集系统实时获取相关任务信息，同时调用营销业务系统基础档案服务，将任务通过采集消息总线传递给后台费控管理模块。

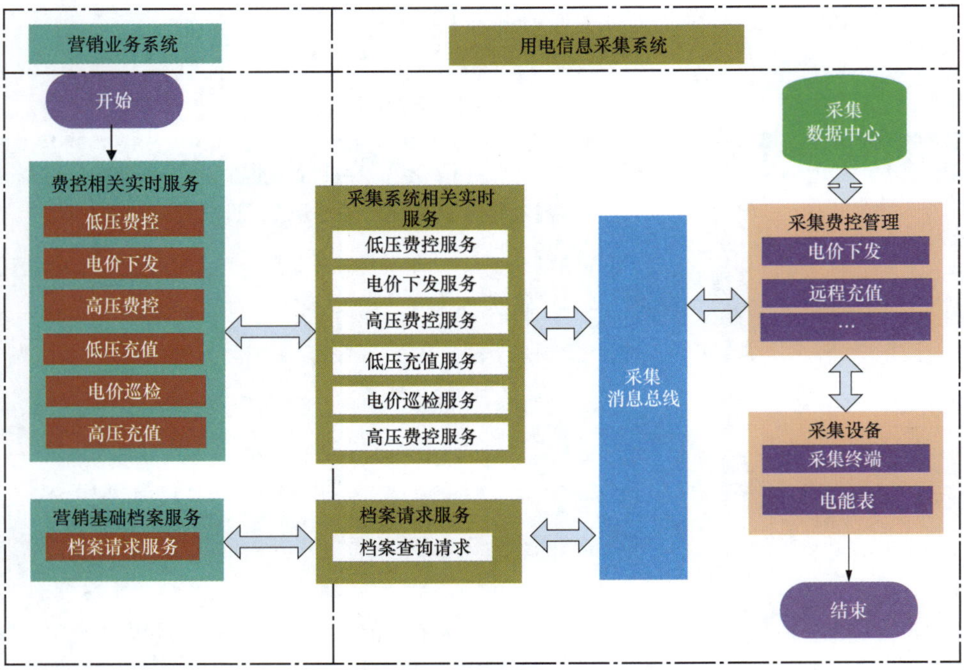

图1–8　采集系统与营销费控融合服务流程

（4）采集后台费控管理模块根据不同业务与采集终端、电能表进行相应的数据交互。

（5）对于交互结果，采集系统作为结果反馈发起者，费控管理模块通过采集消息总线将与采集终端、电能表交互的结果发送至营销业务系统相关的服务。

1.3.4　终端调试

终端调试业务由营销业务系统发起，采集系统从营销业务应用系统获取终端调试工单，根据调试工单内容，配合现场完成终端调试工作。终端调试流程如图1–9所示。

（1）终端上线调试。采集系统自动搜索满足自动调试的终端清单，并根据终端的通道信息或在线信息判断终端是否需要进行调试上线流程；针对需要进行该调试环节的终端，采集系统自动监听该终端（终端地址+区位码为唯一标识）上报的端口号信息，并根据端口号信息自动匹配信道的相关信息；匹配成功后系统自动更新主站侧的通道参数、服务器组号等信息。

（2）终端在线验证。针对终端上线调试环节成功的终端，采集主站通过主动采集终端时钟等方式，验证采集终端是否稳定在线（排除假上线）。

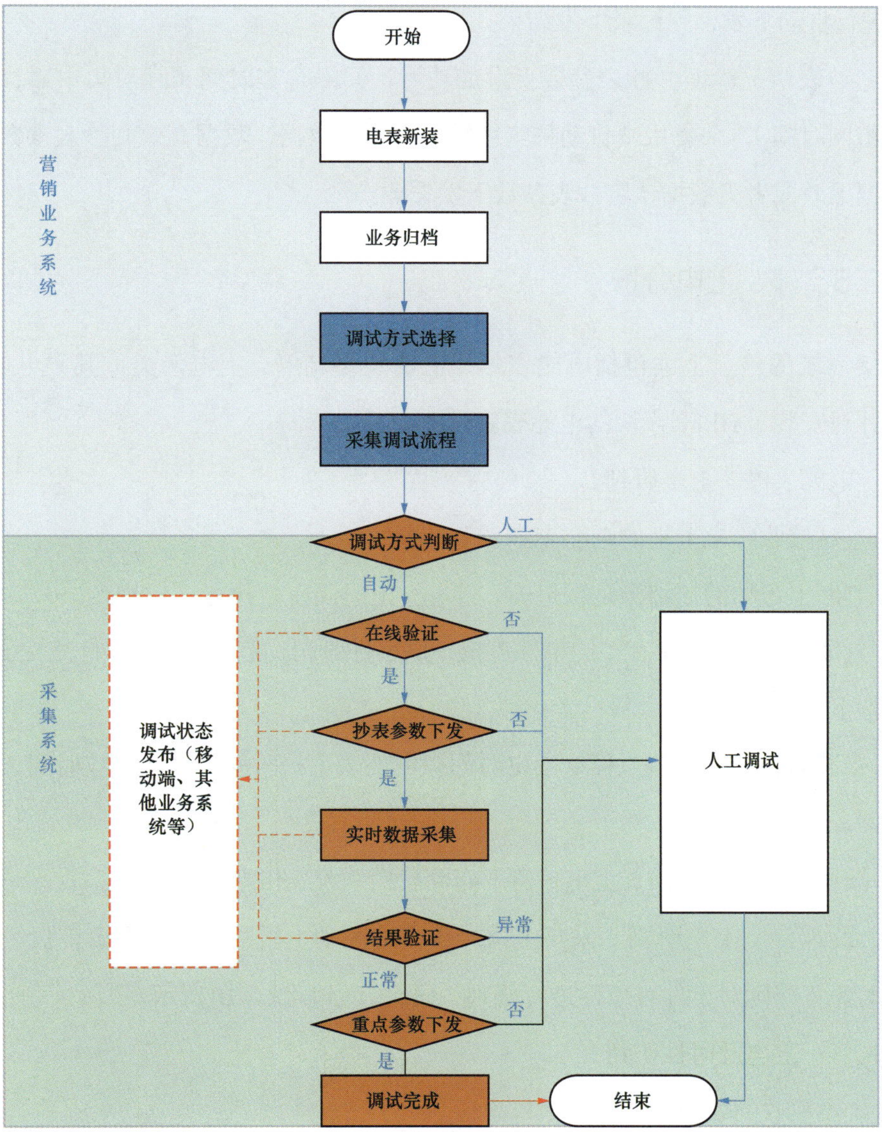

图1-9　终端调试流程

（3）终端参数下发。在终端在线验证完成后，针对稳定在线的终端，按照既定的要求，采集主站主动根据终端类型等数据，结合既定的参数方案，自动生成相关联的终端参数，并将相关参数下发到终端。按照当前业务要求，需要自动下发的终端参数包括停上电参数、终端事件方案两类。

（4）抄表参数下发。在终端在线验证完成后，针对稳定在线的终端，采集主站自动按照既定的业务规则生成F10相关的参数项，自动更新到采集主站的相关参数，然后对F10进行自动下发，并记录下发结果。

（5）抄表情况验证。抄表参数下发成功后，间隔合理时间（针对集中器，需要考虑载波组网时间），采集主站自动采集终端上的当前数据，数据有效则抄表参数下发成功；数据无效或者无数据认定抄表参数下发失败。

1.3.5 停、上电分析

采集系统的停、上电包括电能表停、上电及终端停、上电两类，其中电能表停、上电只针对安装了HPLC模块的电能表。

（1）电能表停、上电研判。

1）主站接收终端上报的电能表停、上电事件。

2）判断上报帧的帧结构是否正确，停、上电时间有效执行下一步。

3）判断30min内是否有相同事件上报，以事件时间、节点地址(电能表表号)为准。若无执行下一步。

4）置有效，电能表节点停、上电时间以电能表上报时间为准。接收时间、上报时间都存储。

5）按照业务要求将停、上电信息发布到营销系统、供电服务系统。

（2）终端停、上电研判。采集主站接收终端主动上报的停、上电事件后，主动按照既定的业务规则对事件有效性进行研判，研判流程如图1-10所示。

终端停、上电及时性研判：

1）主站接收终端上报的停、上电事件。

2）判断上报帧的帧结构是否正确。停、上电时间均有效按上电事件研判，只有停电时间有效执行下一步。

3）判断30min内是否有停电事件上报。以采集主站时钟为准，若有置无效，若无执行下一步。

4）判断本次停电时间与主站接收时间差值。绝对值大于5min置无效，小于等于5min执行下一步。

5）召测终端下考核表的A相电压，判断电压值。电压大于50V置事件无效，小于

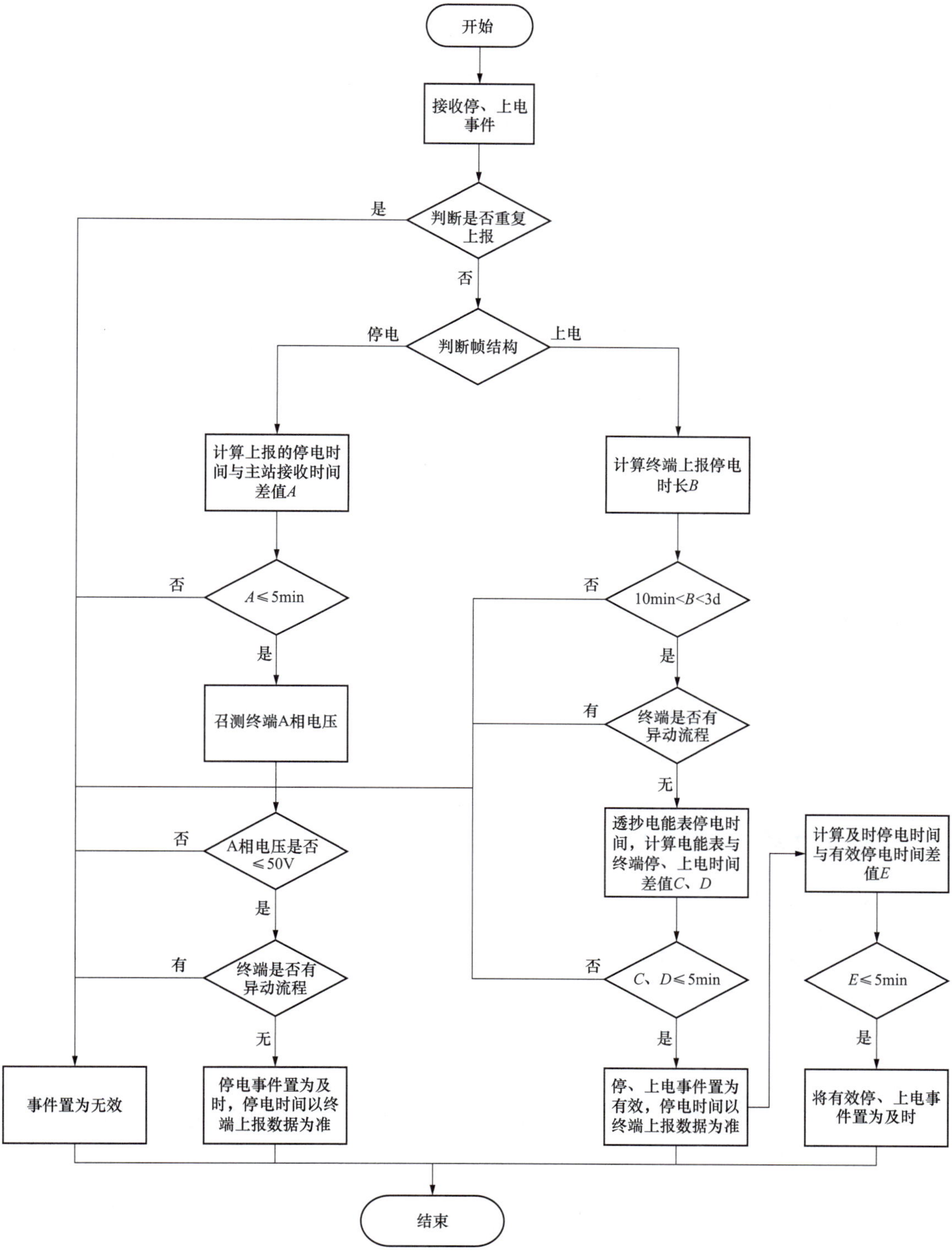

图1-10　终端停上电研判流程

等于50V或召测失败执行或无考核表执行下一步。

6）置有效，停电时间以终端上报数据为准。

7）按照业务要求将停上电信息发布到营销系统、供电服务系统。

终端上电有效性研判：

1）主站接收终端上报的停上电事件。

2）判断上报帧的帧结构。只停电时间有效按停电事件研判，停、上电时间均有效执行下一步。

3）判断30min内是否有上电事件上报。以采集主站时钟为准，若有置无效，若无执行下一步。

4）判断本次终端上报停电时长，停电时长=终端上报的上电时间-停电时间。停电时长小于10min大于3天置无效，若否执行下一步。

5）召测终端下考核表最近一次停电事件（如无考核表随机召测一只户表），分别判断电能表与终端停、上电时间是否匹配。停电时间与上电时间差值（绝对值）大于5min置无效，小于等于5min执行下一步。

6）置有效，停上电时间以终端上报数据为准。

7）按照业务要求将停上电信息发布到营销系统、供电服务系统。

1.3.6 采集数据共享

采集系统作为省公司用户电能数据支撑平台的作用愈发突出，目前，采集系统累计为营销、安质、运检、运监、发策、信息等专业30多个业务应用系统提供数据支撑。采集数据共享目前主要分为营销结算数据共享及其他系统数据共享2类。

1. 营销结算数据共享

鉴于当前营销日算费的业务要求，采集系统与营销业务系统实现了采集数据的即采、即校、即传，满足了营销实时结费的需要。

采集系统借助采集消息总线和采集数据中心两种方式实现与营销系统的数据融合，如图1-11所示。

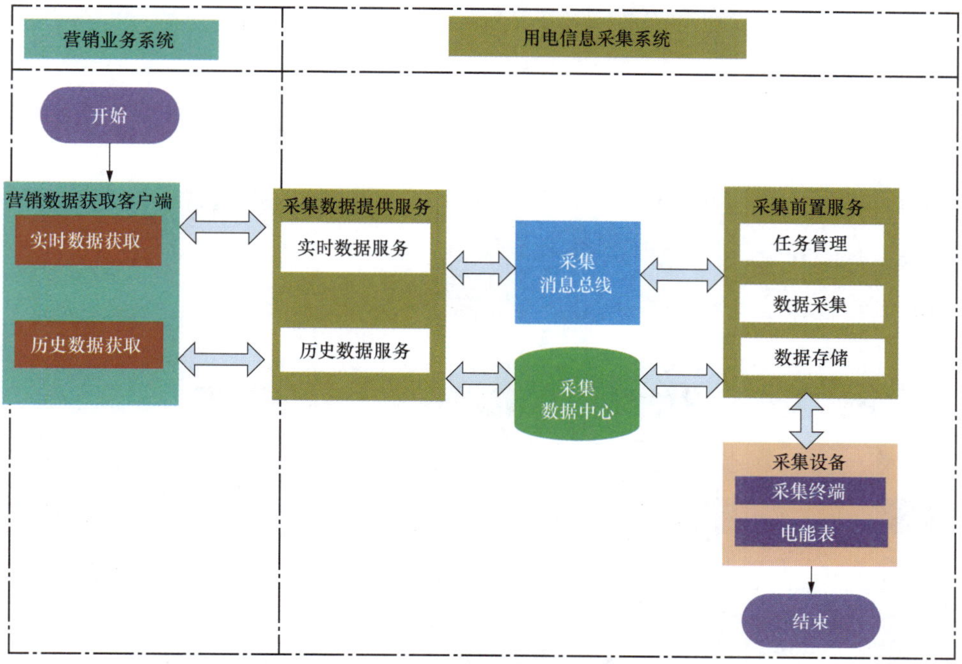

图1-11 用电信息采集系统与营销数据融合服务流程

流程描述：

1）采集数据提供服务作为数据提供者向营销业务系统提供数据请求服务，包括实时数据和历史数据。

2）采集系统服务采集到的数据实时发送至采集消息总线。同时采集系统服务将数据存储至采集数据中心为历史数据。

3）采集数据提供服务将数据提供给营销业务系统。

4）营销数据获取客户端作为数据消费者向采集数据提供服务获取实时数据，以满足实时算费需要。

5）对于历史数据，营销数据获取客户端同样可以通过访问采集数据提供服务进行数据查询。

2. 其他系统数据共享

交互共享管控平台是采集系统的数据交互共享的统一门户，是整个采集系统对外进行数据交互的桥梁。交互共享管控平台位于采集系统的能力开放层，该模块主要用于实现采集系统内部各能力模块和外部系统之间数据的透明交换。

对采集系统内部，业务服务网关采用Restful、kafka等基座规定的标准接口协议与各内部业务模块交互数据。

对营销业务系统、95598等外部系统，业务服务网关以标准协议和业务接口、安全策略和管控功能，在向外部提供标准采集业务能力的同时，规范外部系统的行为，保障了采集系统的安全。

交互共享管控平台功能架构如图1–12所示。

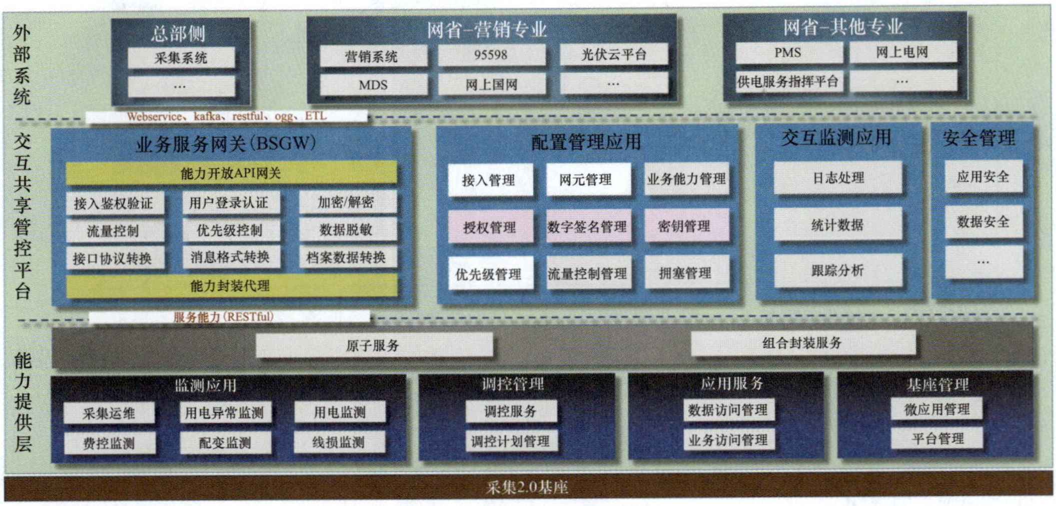

图1–12　交互共享管控平台功能架构

交互共享管控平台为采集系统的边界提供统一、可靠、可信的安全管控：

（1）对外部系统进行统一管理、认证、授权，实现安全可控的外部接入；

（2）实现强化的安全管理，提供统一的系统安全、应用安全和数据安全保障。

交互共享管控平台实现采集业务能力封装后对外提供标准调用的统一通道：

（1）通过BSGW提供一套统一的接口和协议标准，实现灵活的业务接入；

（2）BSGW进行统一的协议转换,实现业务的快整部署；

（3）外部系统通过BSGW使用全网的业务能力支持，实现计费。

交互共享管控平台实现采集系统与外部系统交互的流量精确控制：为应对越来越丰富的外部系统对内部的流量冲击，BSGW需要实现对接入系统的精确流量控制；对外部系统进行流量优先等级划分，实现对外部系统的精确支撑。

交互共享管控平台实现外部系统多种协议的无缝接入：将外部存在的多种协议、报文转换为采集系统通用的RESTful标准协议，减少对采集系统业务应用的冲击；兼容考虑营销2.0与营销1.0数模差异，实现营销档案数据转换和采集数据共享。

交互共享管控平台ESP功能架构如图1-13所示。

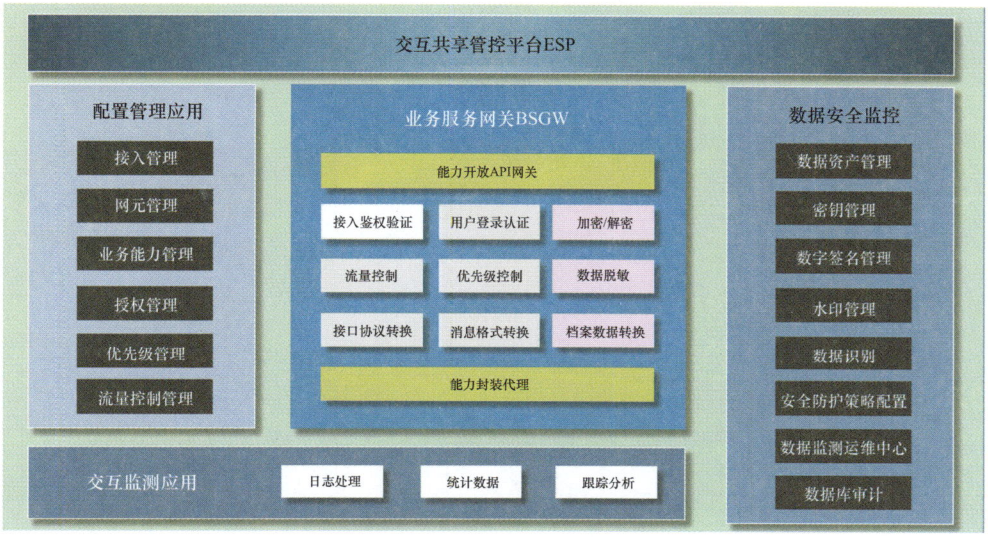

图1-13　交互共享管控平台功能架构

2 智能电能表概况

智能电能表与我们的生活息息相关，通过电网公司的更新改造，智能电能表已普遍存在于我们生活。本章主要介绍智能电能表的概念、分类、基本结构、工作原理及关键业务处理流程等内容。

2.1 智能电能表

2.1.1 基本概念

智能电能表是以微处理器应用和网络通信技术为核心的智能化仪表，具有自动计量/测量、数据处理、双向通信和功能扩展等能力，能够实现双向计量、远程/本地通信、实时数据交互、多种电价计费、远程断供电、电能质量监测、与用户互动等功能。

智能电能表安装于供电企业与电力用户结算关口、电能输送关口、分布式电源上网关口、发电上网关口等关键节点，计量或测量对应关口电能量等各项参数，为智能计量系统提供基础数据支撑。以智能电能表为基础构建的智能计量系统，能够支持智能电网对负荷管理、分布式电源接入、能源效率、电网调度、电力市场交易和减少排放等方面的要求。

智能电能表按用户类型可分为单相表和三相表，按缴费方式的不同，可分为本地表和远程表。单相表，即计量普通用户所使用的220V电源电能量的电能表。三相表，即计量工业上所使用的380V电源电能量的电能表。本地表，即在用户方，可使用IC卡缴费的电能表。远程表，即通过远程通信方式控制电能表通电断电的电能表，一般不安装在用户范围，用户需去供电局缴费。

2.1.2 智能电能表类型

智能电能表可分为A级单相智能电能表、B级三相智能电能表、C级三相智能电能表、D级三相智能电能表。表型见表2-1。

表2-1 智能电能表表型

序号	等级	有功计量精度	表型
1	A级	2级	A级单相费控智能电能表（远程-开关内置）
2	A级	2级	A级单相费控智能电能表（远程-开关外置）
3	A级	2级	A级单相本地费控智能电能表（CPU卡-开关内置）
4	A级	2级	A级单相本地费控智能电能表（CPU卡-开关外置）
5	B级	1级	B级三相费控智能电能表（远程-开关内置）
6	B级	1级	B级三相费控智能电能表（远程-开关外置）
7	B级	1级	B级三相本地费控智能电能表（CPU卡-开关内置）
8	B级	1级	B级三相本地费控智能电能表（CPU卡-开关外置）
9	C级	0.5S级	C级三相费控智能电能表（远程-开关外置）
10	C级	0.5S级	C级三相本地费控智能电能表（CPU卡-开关外置）
11	C级	0.5S级	C级三相智能电能表
12	D级	0.2S级	D级三相智能电能表

表计外观如图2-1所示。

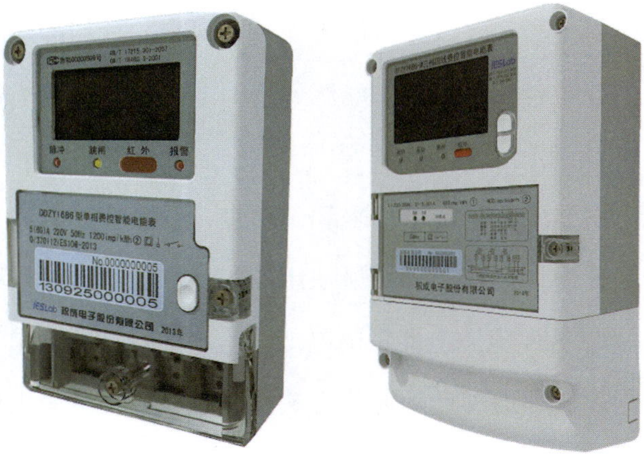

单相智能电能表　　三相智能电能表

图2-1 智能电能表外观

根据安装环境不同推荐使用电能表类型见表2-2。

表2-2　安装环境推荐电能表类型

安装环境	电能表适用类型（推荐）
关口	D级三相智能电能表、C级三相智能电能表
100kVA及以上专用变压器用户	
100kVA以下专用变压器用户	C级三相费控智能电能表、C级三相本地费控智能电能表
	B级三相费控智能电能表、B级三相本地费控智能电能表
公用变压器下三相用户	B级三相费控智能电能表、B级三相本地费控智能电能表
公用变压器下单相用户	A级单相费控智能电能表、A级单相本地费控智能电能表

2.1.3　智能电能表主要功能

1. 测量/计量电能量

能够测量电能瞬时量（电压、电流、频率等），在约定的时间间隔内（一般为一个月），测量单向或双向最大需量、分时段最大需量及其出现的日期和时间。

具有正向、反向有功电能量和四象限无功电能量计量功能，并可以据此设置组合有功和组合无功电能量；具有分时计量功能；具有计量分相有功电能量功能。

2. 时段费率

至少支持尖、峰、平、谷四个费率；支持时区及时段设置，支持节假日和公休日特殊费率时段的设置。

3. 电量冻结、数据存储、通信功能

具备定时冻结、瞬时冻结、日冻结、月冻结、约定冻结、整点冻结等功能，保存固定时间节点电能值。

支持存储功能，可保存电能量、需量、费率电能、定时冻结数据等，在电能表断电情况下，与结算关的数据至少可保存10年，其他数据至少可保存3年。

具有符合记录功能，数据项可在“电压、电流、频率”“有、无功功率”“功率因数”“有、无功总电能”“四象限无功总电能”“当前需量”六类数据项中任意组合。

根据表计配置不同，可支持通信功能，如红外通信、RS-485通信、无线公网通

信、载波及微功率危险通信等，可将数据上送至指定的设备或主站。

4. 事件记录

可记录电能表失压、失流、掉电、断相、逆相序、清零次数挤时间、编程记录、校时记录、开盖记录、远程控制等事项，实现事件的可追溯性。

5. 控制输出

可根据电能表自身的配置，接受主站或终端的指令，完成跳合闸或控制信号输出功能，是实现智能电能计量系统费控功能的基础。

6. 安全防护、安全验证

具有编程开关及编程密码，防止非授权人进行编程操作；具有完善的数据传输安全保障措施，通过专用加密芯片，实现信息传输过程中的安全验证。

7. 显示、报警

通过自身配置的液晶显示屏和指示灯，可向用户展示电能量各项示值及告警、缴费提醒等。显示屏可显示信息丰富多样，通过软件配置可更改默认轮显项及按键轮显项。

2.1.4 智能电能表优势及应用意义

智能电能表采用电子集成电路的设计，具有远传通信功能，可以与主站通信并通过软件进行控制，与传统的感应式电能表相比，智能电能表具有功耗低、精确度高、过载倍数高、工频范围宽、功能更加丰富多样、安全性好的优点。

智能电能表在智能电网电能量计量系统中是不可或缺的基础组成部分，采用智能电能表，能够实现互联、互通、互换和自动化的流水线检定；能够促进产品质量的提升；能够满足当前智能电网的建设需要；能够满足用电信息自动采集结算的需要；有助于提高计量管理水平，推动计量技术的进步，提高优质服务水平；智能电能表规范统一，能够减少智能电网电能计量设备运维维护的成本，满足用电管理的需要。

2.1.5 单相电能表

1. 外观结构

单相智能电能表外形尺寸为160mm（高）×112mm（宽）×71mm（厚），能够根据现场需求安装于单表位或多表位表箱，通过与表箱内断路器、线路、隔离开关配合，完成低压用户用电计量工作。

单相电能表外观及板卡如图2-2所示。

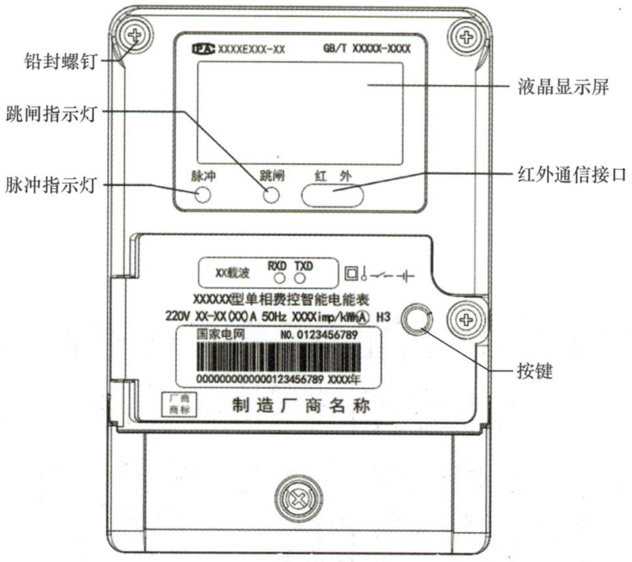

单相电能表外观

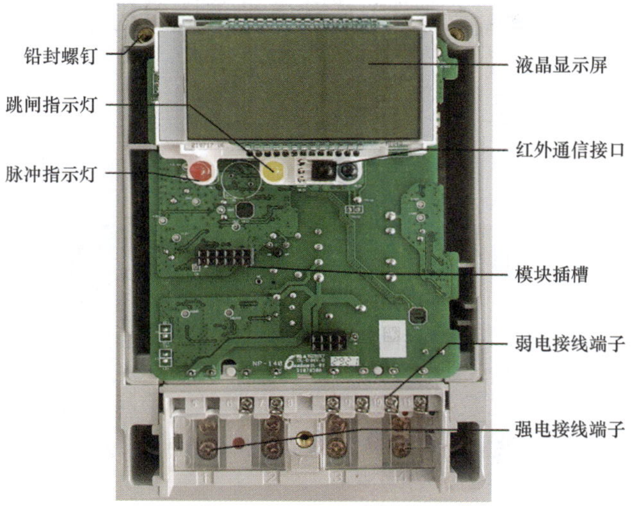

单相电能表板卡

图2-2　单相电能表外观和板卡

2. 液晶界面显示

单相电能表具备1个循显按键，运行中具有自动循显功能、按键显示功能2种显示功能。单相电能表显示界面如图2-3所示，单相电能表液晶显示说明见表2-3。

（1）自动循显。电能表在正常运行情况下处于自动循显状态，根据设定的时间滚动显示。

（2）按键显示。当电能表处于运行状态的自动循环显示方式时，一旦有显示按键触发，电能表切换到按键显示状态并点亮背光；在按键动作消失60s后自动关闭背光，切换回自动循环显示。

（3）停电显示。停电后，液晶显示自动关闭，可用按键或其他方式唤醒液晶显示。唤醒后如无操作，自动循环显示一遍后关闭显示，按键显示操作结束30s后关闭显示。

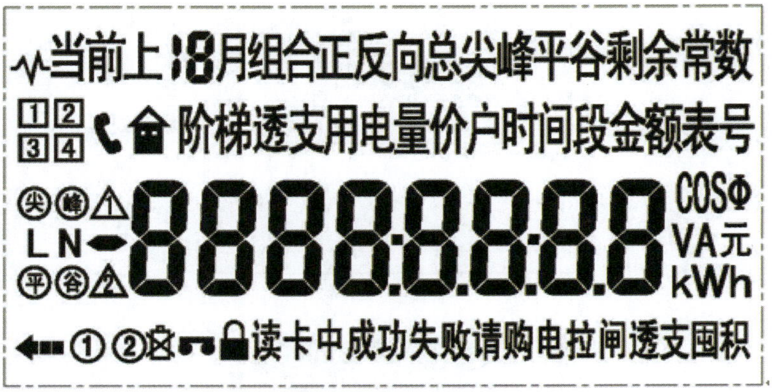

图2-3 单相电能表显示界面

表2-3 单相电能表液晶显示说明

序号	LCD图形	说明
1	当前上18月组合正反向总尖峰平谷剩余常数 阶梯透支用电量价户时间段金额表号	（1）当前、上1月/次上12月/次的用电量、累计、组合、正/反、总、尖、峰、平、谷电量。 （2）剩余金额、常数。 （3）阶梯电价、电量。 （4）透支金额。 （5）时间、时段、表号
2	-8888.8.8.8.8 COSΦ VA元 kWh	数据显示及对应的单位符号

续表

序号	LCD 图形	说明
3	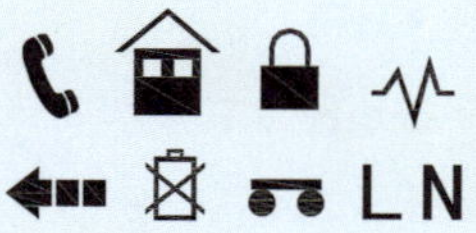	（1）红外、485 通信中。 （2）实验室状态，显示为测试密钥状态，不显示为正式密钥状态。 （3）电能表挂起指示。 （4）模块通信中。 （5）功率反向指示。 （6）电池欠压指示。 （7）红外认证有效指示。 （8）相线、零线
4	读卡中成功失败请购电拉闸透支囤积	（1）IC 卡“读卡中”提示符。 （2）IC 卡读卡“成功”提示符。 （3）IC 卡读卡“失败”提示符。 （4）“请购电”剩余金额偏低时闪烁。 （5）继电器拉闸状态指示。 （6）透支状态指示。 （7）IC 卡金额超过最大储值金额时的状态指示（囤积）
5		（1）指示当前运行第 1、2、3、4 阶梯电价。 （2）指示当前费率状态（尖峰平谷）。 （3）指示当前使用第 1、2 套阶梯电价。 （4）①②代表第 1、2 套时段 / 费率，默认为时段

3. 接线方法

单相电能表端子接线图如图 2–4 所示。

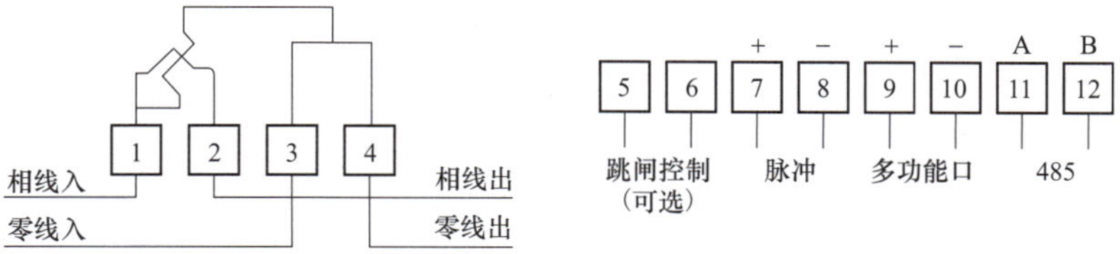

单相电能表端子接线图（开关内置）

图 2–4 单相电能表端子接线图（一）

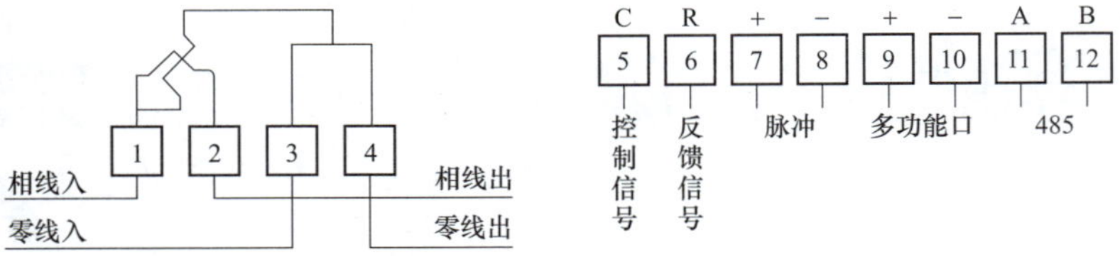

单相电能表端子接线图（开关外置）

图2–4　单相电能表端子接线图（二）

2.1.6　三相电能表

1. 外观结构

三相智能电能表外形尺寸规格为290mm（高）×170mm（宽）×85mm（厚），一般安装于单独计量箱内，通过与表箱内断路器、线路、隔离开关配合，完成工商业用户用电计量工作。

三相智能电能表还可以安装于各供电关口节点，计量或测量线路、变压器、发电企业等的节点电能信息。

一般三相表外观及板卡如图2–5所示。

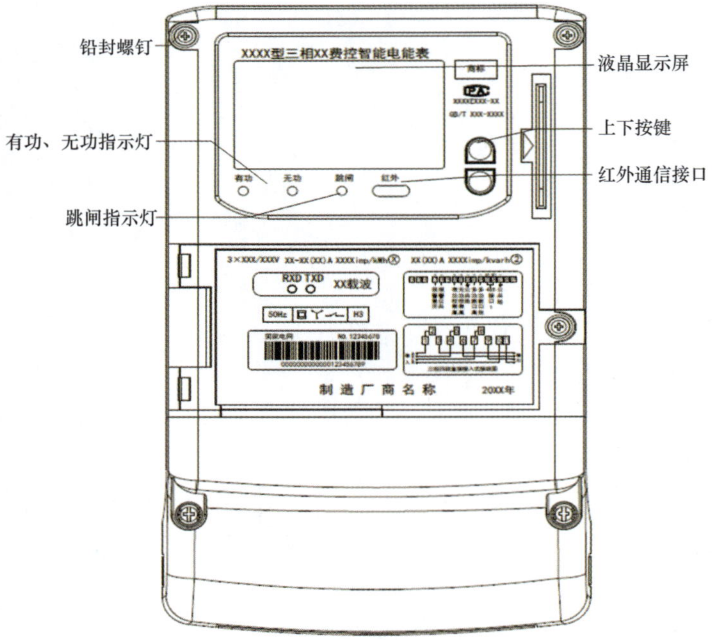

三相电能表外观

图2–5　三相电能表外观和板卡（一）

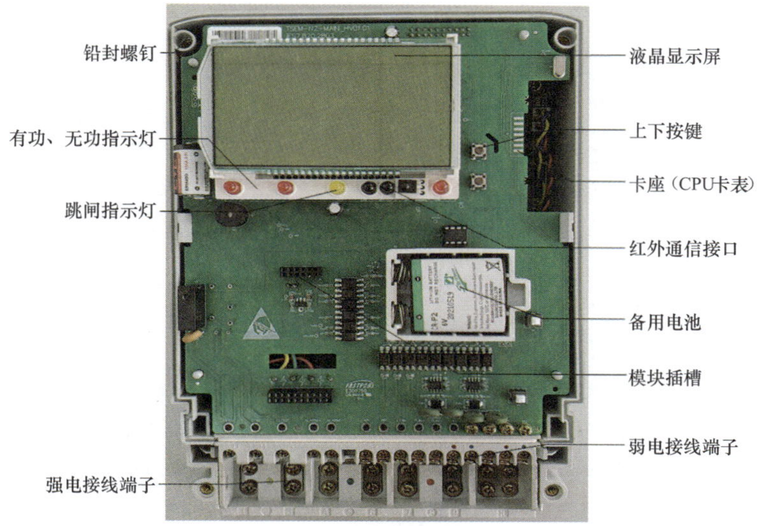

三相电能表板卡

图2-5　三相电能表外观和板卡（二）

2. 液晶界面显示

三相电能表液晶全屏显示如图2-6所示，显示说明见表2-4。

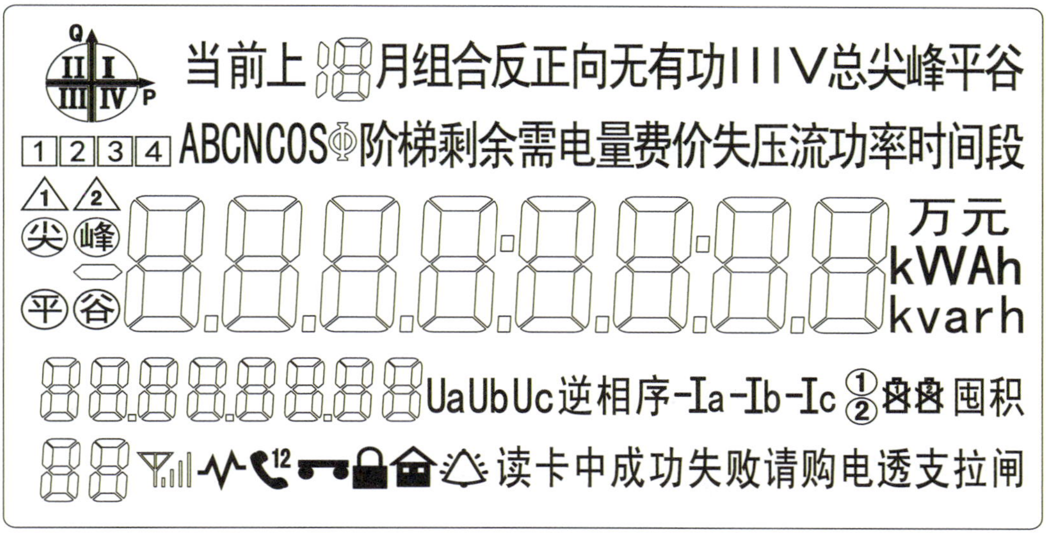

图2-6　三相电能表液晶全屏显示图

表2-4　三相电能表液晶显示说明

序号	内容	说明
1	电量显示	电能小数位可在1~4位设置。可设置8位整数、0位小数（当电量显示小数位数为0时），或7位整数、1位小数（当电量显示小数位数为1时），或6位整数、2位小数（当电量显示小数位数为2时），或5位整数、3位小数（当电量显示小数位数为3时），或4位整数、4位小数（当电量显示小数位数为4时）
2	费率提示	每屏显示1个时段电量，第1行字符“**尖峰平谷**”为费率提示符，如果显示“**总**”为显示总电量提示符
3	四象限提示	用符号采用填充方式提示，逆时针反向显示，显示，表示电能表工作在第Ⅰ象限，显示，表示电能表工作在第Ⅱ象限；显示，表示电能表工作在第Ⅲ象限，显示，表示电能表工作在第Ⅳ象限
4	通信提示	“”无线通信在线及信号强度指示，液晶显示“”表示正在进行模块通信，液晶显示“”表示正在进行第1路RS485通信，液晶显示“”表示正在进行第2路RS485通信，液晶显示“”表示正在进行红外通信
5	电能表挂起指示	每天收到的数据帧MAC校验失败、密文校验失败总累计达到200次，出现“”提示，每日0:00清除挂起状态和累计次数
6	失压提示	正常情况下“**UaUbUc**”常显在液晶上；当某相断相时，“**UaUbUc**”对应相别从液晶上消失；失压时，“**UaUbUc**”对应相别闪烁
7	失流提示	正常情况下“**Ia Ib Ic**”常显在液晶上；当某相发生断流（实际电流小于启动电流）时，“**Ia Ib Ic**”对应相别从液晶上消失；失流时“**Ia Ib Ic**”对应相别闪烁，当失流和断流同时存在时，优先显示失流状态
8	反向提示	当某相电流发生反向时，“**Ia Ib Ic**”对应相别闪烁，且前面常显“–”。反向提示只有在本相电流大于1‰ I_n 且电压大于10V时才会显示
9	当前费率显示	当前费率状态（尖峰平谷）“尖峰平谷”
10	逆相序提示	当电压逆相序时，“**逆相序**”闪烁
11	电池欠压提示	当液晶出现“1”表示时钟电池欠压；当液晶出现“2”表示停电抄表电池欠压指示
12	报警提示	“”闪烁，为液晶报警提示
13	历史电量	当需要显示历史需量和电量时，“**上18月**”能够显示出“上1月”至“上12月”的历史电量和需量
14	电量的方向	当显示电量时，电量的方向由“**反正向**”来显示
15	密钥状态提示	“”显示时，表计处于测试密钥状态，不显示为正式密钥状态

续表

序号	内容	说明
16	时段/费率提示	“①②”代表第1、2套时段/费率，默认为时段，可以通过电表运行特征字1（Bit1）进行设置
17	显示代码提示	“88888888 88”当前显示代码，上排“88888888”表示轮显/键显数据对应的数据标识，下排“88”表示轮显/键显数据在对应数据标识的组成序号
18	数据显示提示	“-8.8.8.8.8.8.8.8 万元 kWAh kvarh”数据显示及对应的单位符号
19	功率因数提示	显示“COSΦ”时为功率因数提示符，单独显示“Φ”时为相角提示符

3. 接线方法

三相电能表接线方法如图2–7和图2–8所示。

2.1.7　工作原理

如图2–9所示，智能电能表工作时，电压经电阻分压采样、电流经分流器采样，通过滤波处理后送入计量芯片进行有功电能的计算处理。计量芯片将电能信号转化为脉冲信号送到CPU进行电量脉冲采集、电量累计和各项计算分析处理，其结果保存在数据存储器中；同时，CPU完成红外、485通信、LCD显示等功能处理。数据安全性上采用冗余设计，数据采用多重备份，确保计量数据可靠。

三相智能电能表是由测量单元和数据处理单元等组成，除计量有功(无功)电能量外，还具有分时、测量需量等两种以上功能，并能显示、储存和输出数据的电能表。

智能电能表主要具有电能计量、时段费率、需量计量、结算功能、事件记录、电能表清零、需量清零、事件清零、电量冻结、负荷纪录、主动上报、安全管理与用户权限、测量功能、液晶背光功能、报警功能、停电抄表功能、时钟/计时功能、信号输出功能、基本通信功能、低功耗唤醒显示功能、液晶显示功能等基本功能配置，如图2–10所示。另外，根据配置的不同，还有费控功能、辅助电源、载波通信功能、公网通信功能、微功率无线通信功能等扩展功能。

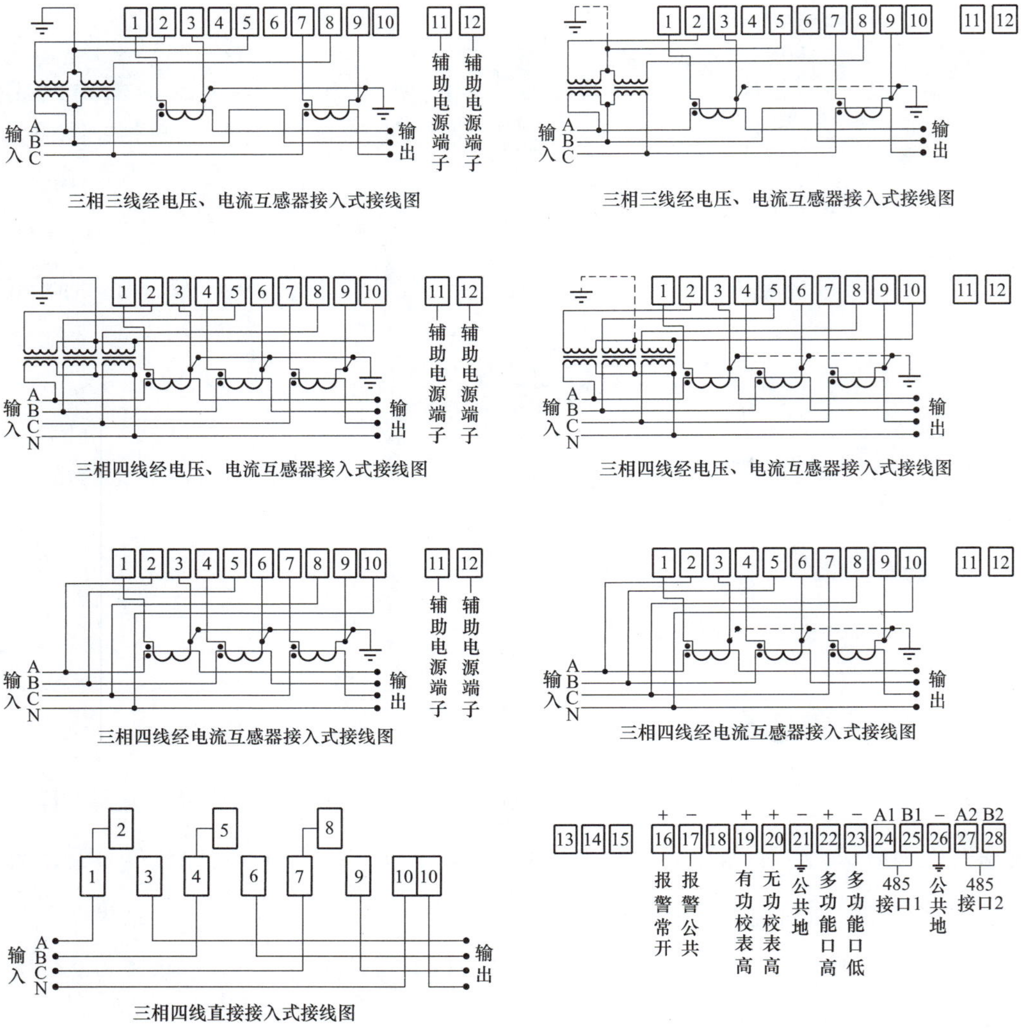

图2-7　三相智能电能表接线方法

2.2　智能物联电能表

2.2.1　基本概念

从国家电网有限公司推广和发展智能电能表至今，智能电能表标准不断更新完善，但面对当前愈发复杂的现场用电环境以及灵活多变的电价政策，智能电能表还存在着诸多问题，如电能表软件升级问题（传统模式为整体更换电能表），升级后对法制计量

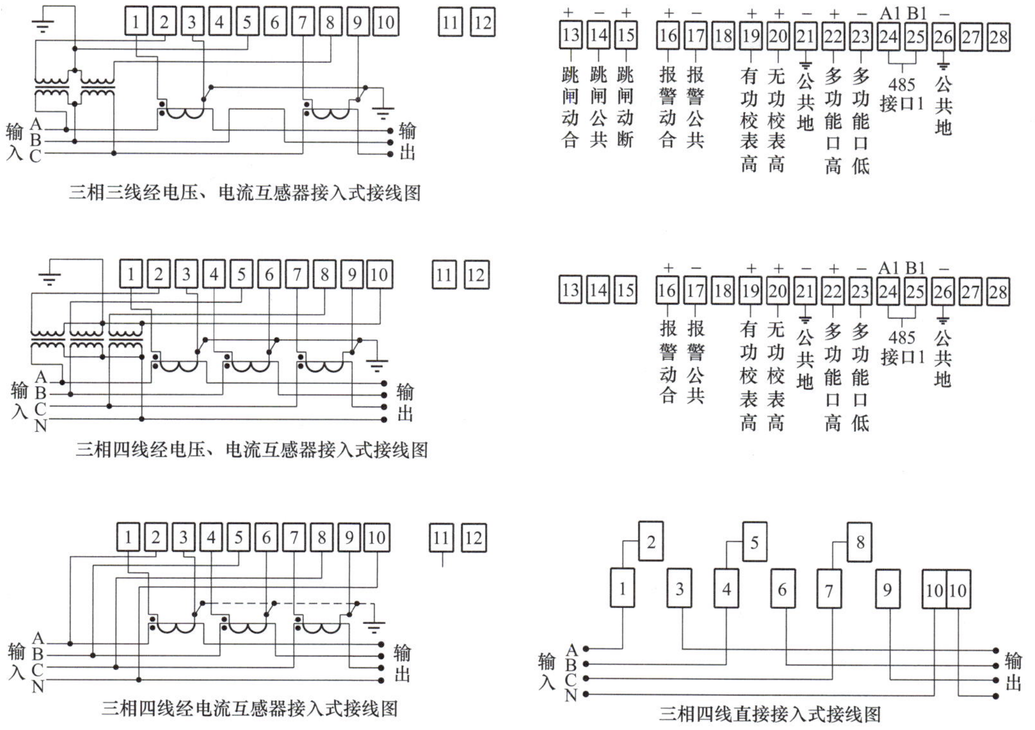

图2-8　三相费控电能表接线方法

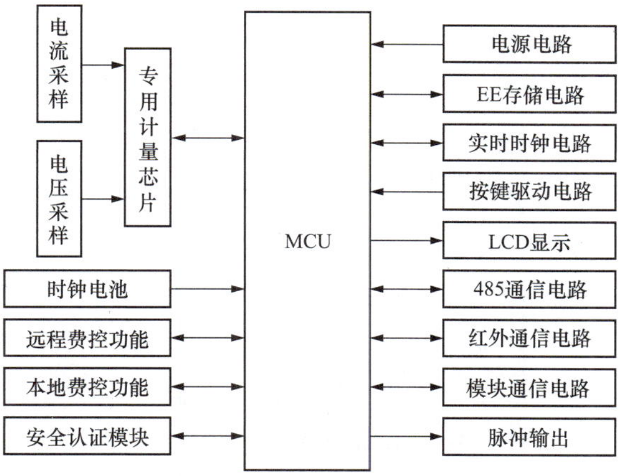

图2-9　智能电能表工作原理

产生的影响问题，智能电能表数据吞吐量对未来“四表集抄”、用户双向交互等业务开展的限制问题及不满足国际法制计量组织标准等问题。

基于以上问题，国家电网有限公司提出了智能物联电能表的概念。智能物联电能表是由计量模组、管理模组、扩展模组组成，具备电能计量、数据处理、实时监测、自动

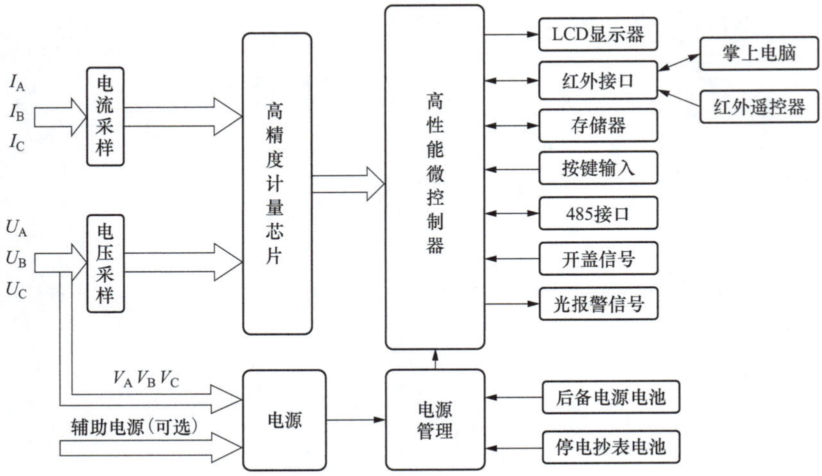

图2-10　智能电能表架构图

控制、环境感知、信息交互和通信路由等功能，同时能适应物联网需求的智能电能表。

2.2.2　外观结构

智能物联电能表外观结构为壁挂式，单相表尺寸为160mm（长）×112mm（宽）×71mm（高），三相表尺寸为290mm（长）×170mm（宽）×85mm（高），智能物联电能表外观如图2-11所示。

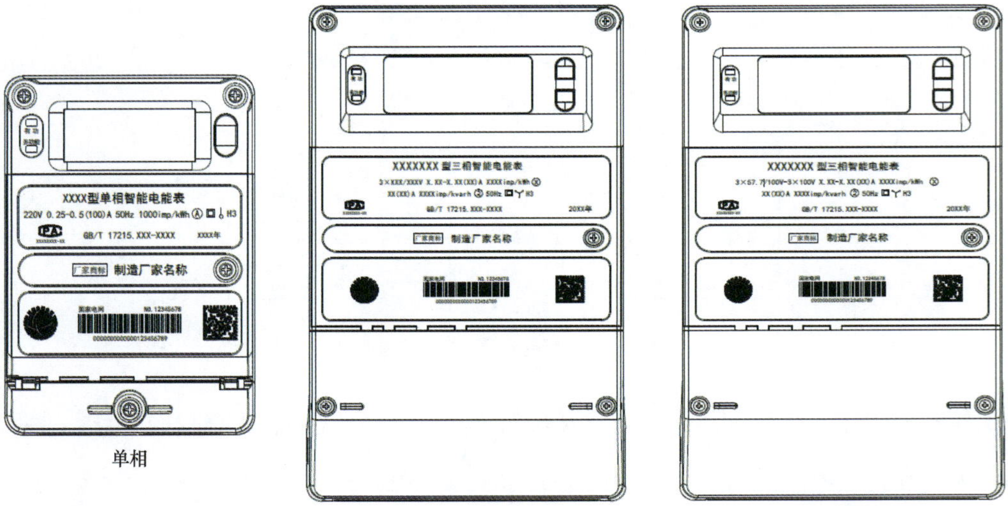

单相

三相
（电压直接接入式）

三相
（经互感器接入式）

图2-11　智能物联电能表外观

2.2.3 接线方法

智能物联电能表接线如图2–12和图2–13所示，智能物联电能表接线端子定义见表2–5和表2–6。

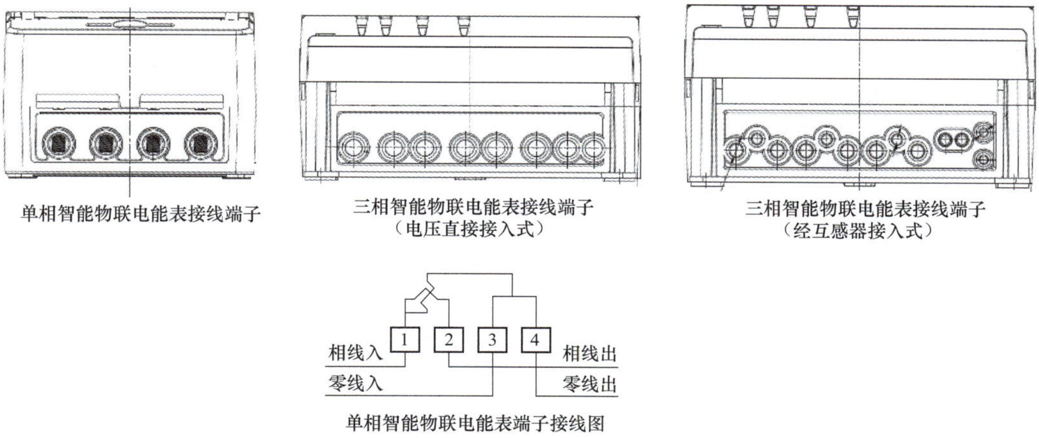

图2–12 智能物联电能表接线图

表2–5 单相智能物联电能表接线端子定义

端子编号	端子定义
1	相线接线端子
2	相线接线端子
3	零线接线端子
4	零线接线端子

2.2.4 液晶界面显示

（1）单相智能物联电能表界面显示。如图2–14所示，单相智能物联电能表LCD显示界面分为上中下三个区域，上部为汉字提示区，中部为数字区，下部为状态区。单相智能物联电能表LCD显示区说明见表2–7，单相智能物联电能表LCD图形、符号说明见表2–8。

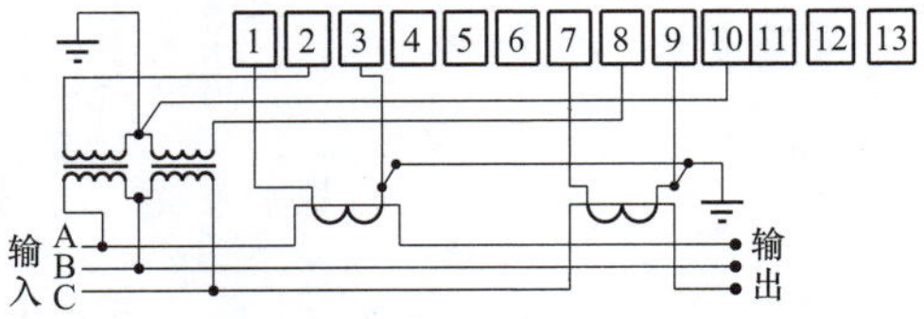

三相三线经电压、电流互感器接入式接线

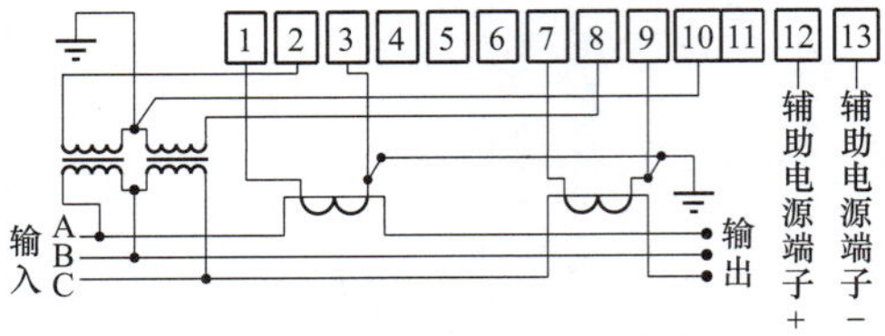

三相三线经电压、电流互感器接入式接线

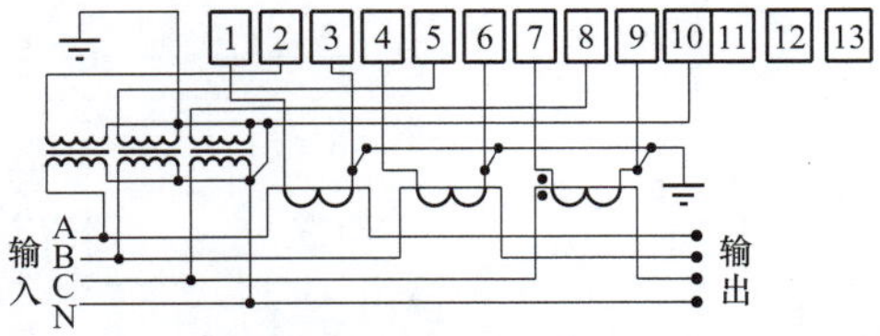

三相四线经电压、电流互感器接入式接线

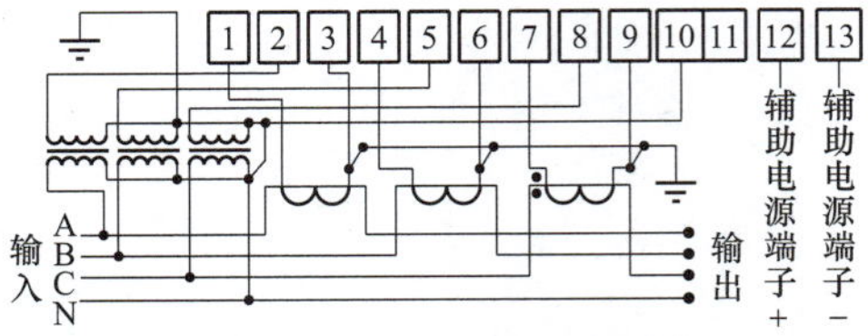

三相四线经电压、电流互感器接入式接线

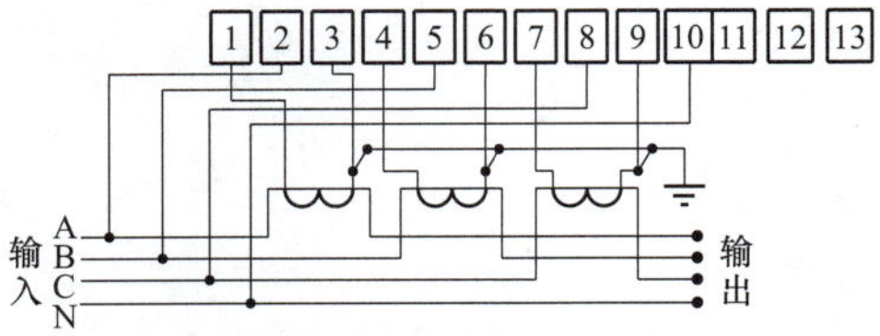

三相四线经电流互感器接入式接线

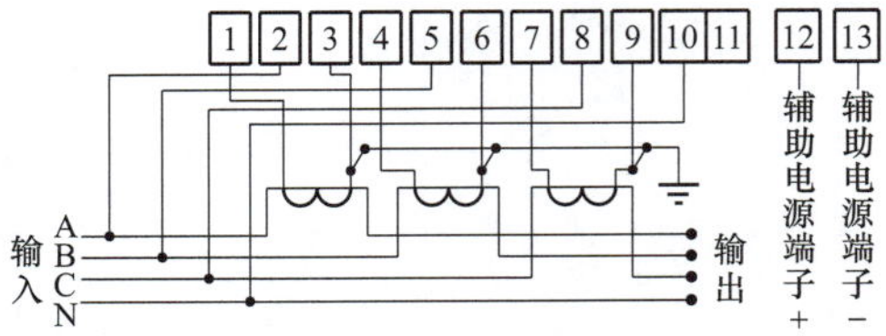

三相四线经电流互感器接入式接线

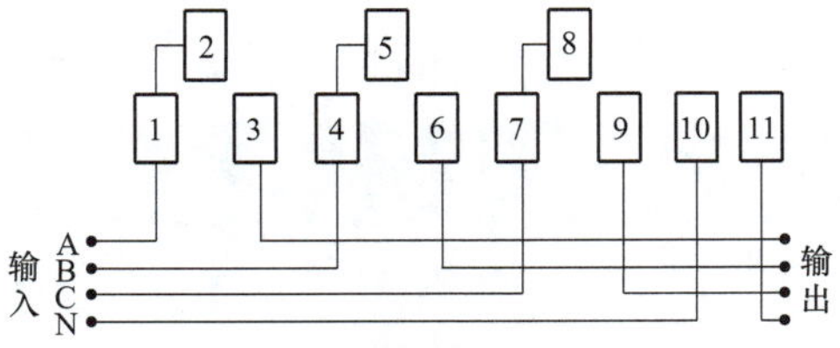

三相四线直接接入式接线

图2-13 三相智能物联电能表端子接线图

表2-6 三相智能物联电能表接线端子定义

端子编号	端子定义	端子编号	端子定义
1	A 相电流端子	7	C 相电流端子
2	A 相电压端子	8	C 相电压端子
3	A 相电流端子	9	C 相电流端子
4	B 相电流端子	10、11	电压零线端子
5	B 相电压端子	12	辅助电源端子
6	B 相电流端子	13	辅助电源端子

图2-14　单相智能物联电能表LCD显示界面

表2-7　LCD显示区说明

序号	显示区	说明
1	汉字提示区	此区域 208p×14p，为显示内容的背景提示，每个汉字使用的点阵数为 14p×14p，数字和字母为 7p×14p：最多可显示 14 个汉字，汉字自左侧第 1 个点开始显示：在提示信息后面增加分屏序号的显示，用88表示，如果是第 00 屏，不显示分屏序号
2	数字区	此区域 208p×48p，为数值显示部分，在 X 轴上每个数字（24p），每个小数点（4p），负号（8p），可以放置如“-999999.99”的数字串，数字靠右侧显示
3	状态区	此区域 208p×12p，可以放置蓝牙通信符号、模块通信符号、电流反向符号、电池欠压符号、公私钥状态符号、请购电（拉闸）、当前费率、单位等，此区域所有字符位置固定

注 1. 各显示区之间默认空 3 行（208p×3p）。

2. 数字区显示小数位数可设置，当设置为 3 位或 4 位小数时，整数位数不小于 6 位，此时每个数字 18p×36p，负号 8p，数字顶部与汉字提示区空 6 行（不含数字区与汉字区的 3 行空行），状态区位置不变。

3. 数字区显示表号、通信地址、客户编号、蓝牙 MAC 地址等，位数为 12 位时，此时每个数字及字母 15p×30p，数字或字母顶部与汉字提示区空 9 行（不含数字区与汉字区的 3 行空行），状态区位置不变。

表2-8　单相智能物联电能表LCD图形、符号说明

序号	图形、符号	说明
1		汉字提示区汉字字符，可指示： （1）当前，上 1 月 / 次 ~ 上 12 月 / 次的用电量、累计、组合、正 / 反总电量。 （2）常数。 （3）时间、表号。 注：“当前总电量”汉字只是示例，根据具体显示项显示汉字

续表

序号	图形、符号	说明
2	-123456.78	数据区数据显示
3	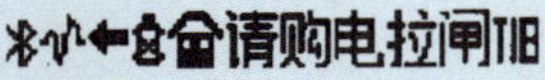 kWh	从左到右依次为： （1）蓝牙通信符号，蓝牙通信状态下常显，蓝牙脉冲检定状态下闪烁显示。 （2）模组通信中。 （3）电流反向。 （4）电池欠压。 （5）公私钥状态：常显为公钥，不显示为私钥。 （6）远程报警时显示“请购电”，当外置继电器拉闸时优先显示“拉闸”，跳闸延时期间闪烁显示“拉闸”。 （7）单签运行费率。 （8）单位（根据实际显示项显示单位，靠右显示）
4		液晶居中显示二维码图像，方便购电户进行扫码购电等服务
5		国家电网 LOGO 点阵大小：80×80 坐标：（0，0）
6	国家电网	“国家电网”汉字 点阵大小：24×24 坐标：（96，16）
7	STATE GRID	“STATE GRID” 点阵大小：12×24 坐标：（84，40）

（2）三相智能物联电能表界面显示。如图2-15所示，三相智能物联电能表LCD显示界面分为上中下三个区域，上部为汉字提示区，中部为数字区，下部为状态区。三相智能物联电能表LCD显示区说明见表2-9，三相智能物联电能表LCD图形、符号说明见表2-10。

图2-15　三相智能物联电能表LCD显示界面

表2-9　三相智能物联电能表LCD显示区说明

序号	显示区	说明
1	汉字提示区	此区域 208p×14p，为显示内容的背景提示，每个汉字使用的点阵数为 14p×14p，数字和字母为 7p×14p：最多可显示 14 个汉字，汉字自左侧第 1 个点开始显示：在提示信息后面增加分屏序号的显示，用88表示，如果是第 00 屏，不显示分屏序号
2	数字区	此区域 208p×48p，为数值显示部分，在 X 轴上每个数字（24p），每个小数点（4p），负号（8p），可以放置如“-999999.99”的数字串，数字靠右侧显示
3	状态区	此区域 208p×12p，可以放置蓝牙通信符号、模块通信符号、电流反向符号、电池欠压符号、公私钥状态符号、请购电（拉闸）、当前阶梯、单位，此区域所有字符位置固定

注 1. 各显示区之间默认空 3 行（208p×3p）。

2. 数字区显示小数位数可设置，当设置为 3 位或 4 位小数时，整数位数不小于 6 位，此时每个数字 18p×36p，负号 8p，数字区与汉字提示区空 6 行（不含数字区与汉字区的 3 行空行），状态区位置不变。

3. 数字区显示表号、通信地址、客户编号、蓝牙 MAC 地址，位数为 12 位时，此时每个数字及字母 15p×30p，数字区与汉字提示区空 9 行（不含数字区与汉字区的 3 行空行），状态区位置不变。

表2-10　三相智能物联电能表LCD图形、符号说明

序号	图形、符号	说明
1		提示当前运行象限

续表

序号	图形、符号	说明
2	当前有功总电量	汉字提示区汉字字符，可指示： （1）当前，上 1 月 ~ 上 12 月的正 / 反总电量、组合有功或无功电量，Ⅰ、Ⅱ、Ⅲ、Ⅳ象限无功电量，最大需量，最大需量发生时间。 （2）时间、表号。 （3）分相电压、电流、功率、功率因数。 （4）失压、失流事件记录。 注：“当前有功总电量”汉字只是示例，根据具体显示项显示汉字
3	-123456.78	数据区数据显示
4	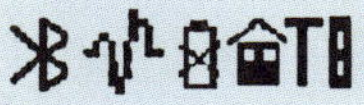	从左到右依次为： （1）蓝牙通信符号，蓝牙通信状态下常显，蓝牙脉冲检定状态下闪烁显示。 （2）模组通信中。 （3）电池欠压。 （4）公私钥状态：常显为公钥，不显示为私钥。 （5）当前运行费率。 （6）远程报警时显示“请购电”，当外置继电器拉闸时优先显示“拉闸”，跳闸延时期间闪烁显示“拉闸”。 （7）电压电流“逆”相序指示
5	kWh	单位（根据实际显示项显示单位，靠右显示）
6	UaUbUc-Ia-Ib-Ic	从左到右依次为： （1）三相实时电压状态指示，U_a、U_b、U_c分别对应 A、B、C 相电压，某项失压时，该相对应的字符闪烁；三相三线不显示 U_b。 （2）三相实时电流状态指示：I_a、I_b、I_c 分别对应 A、B、C 相电流。某项失流时，该项对应的失流闪烁；某项断流时则不显示，当失流和断流同时存在时，优先显示失流状态。某项功率反向时，显示该相对应符号号前的“–”。 （3）某项断相时对应相的电压、电流字符不显示。电能表满足掉电条件时，U_a、U_b、U_c、I_a、I_b、I_c 均不显示。 （4）液晶上事件状态指示和电能表内事件记录状态保持一致，同时刷新

续表

序号	图形、符号	说明
7		液晶居中显示二维码图像，方便购电户进行扫码购电等服务
8		国家电网 LOGO 点阵大小：80×80 坐标：（0,0）
9		“国家电网”汉字 点阵大小：24×24 坐标：（96,16）
10	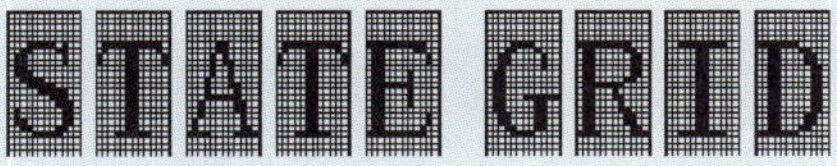	“STATE GRID” 点阵大小：12×24 坐标：（84,40）

2.2.5 工作原理

智能物联电能表主要由计量模组、管理模组以及扩展模组三个部分构成。

计量模组是智能物联电能表的核心，承担着法制计量的基本功能，保存了所有法制相关的电能、时间等原始数据，不仅为国家量值溯源和计量数据追溯提供法制依据，还为其他模组的数据应用和业务实现提供基础数据。

管理模组是智能物联电能表的管理中心，采用可插拔式设计，通过标准化接口与计量模组、扩展模组建立连接，除具备营销业务所要求的基本功能外，还负责其他模组的数据分发和管理工作。同时，管理模组上加载轻量级操作系统，并部署多元化应用APP，能够实现功能灵活配置、满足升级需求。

扩展模组是智能物联电能表实现灵活、可扩展的主要体现形式，用户可根据不同业务场景在电能表上选配不同的功能扩展模组，通过模组进一步拓展表计的通信、控制、计算、监测等功能。

多芯模组化电能表框图如图2-16所示。

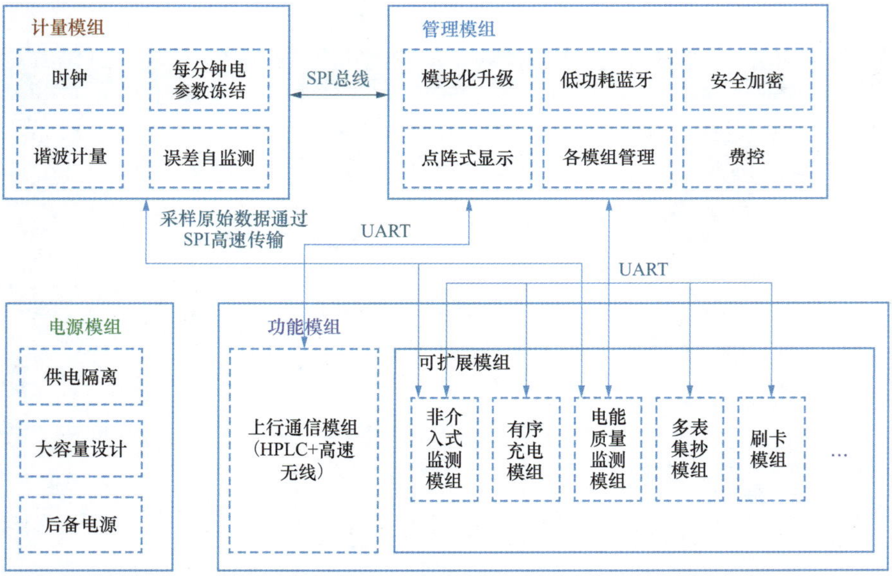

图2-16　多芯模组化电能表框图

2.2.6　技术特点

（1）加大电能表数据存储量。智能物联电能表至少可存储 1 年的电能数据，较完整地保留现场数据，为数据追溯以及大数据应用提供支撑。

为满足非侵入式负荷监测的要求，电参量的冻结周期1min，有功相关数据冻结周期 5min（1min 可设），无功相关数据冻结周期 15min（1min 可设）。智能物联电能表冻结的数据项的存储周期至少为 1 年，同时，支持 24 费率的电能数据。

（2）优化电能表液晶显示。目前国家电网有限公司电能表使用的液晶为段码式液晶，可显示内容有限，且数字较小，影响用户体验。采用点阵式液晶显示，扩大数据区，分行显示，能灵活显示汉字、数字、图像等，只需要字库支持即可。

（3）下行通信功能。目前，电能表作为计量设备，并不具备下行通信功能，无法满足目前提出的电能表适应非计量业务的需求。下一代电能表在适应各类非计量业务的需求下，需具备适合各类通信方式的下行通信功能，以实现对下行装置的控制，根据采集系统或电能表下行通信系统制定的策略，电能表可以设置电流、电压值、功率因数阈值，进而触发继电器动作。

（4）高速通信配置。依据实际负荷控制需求，未来采集系统与用电负荷的交互关系发生转变，即由原来的采集系统主动下费控指令扩展到依据用电负荷的动态变化指导采集系统下发控制指令。因此，需要采集系统主站到负荷控制单元整条通信链路具备实时性，电能表需具备高速通信的硬件配置，以满足负荷控制需求。电能表硬件设计满足最高为19200bit/s 的通信速率。同时，电能表上行通信模块采用双模通信方式，高速 PLC 通信和无线通信方式。

（5）软件可升级。下一代智能电能表管理芯支持远程在线升级以及本地在线升级两种模式，管理芯升级不会影响计量芯的正常工作，因此，可以在不更换电能表的前提下增加各类功能，以满足不同应用需求。

（6）取消辅助端子。以节约电能表制造成本以及提高电能表可靠性角度出发，采用蓝牙通信方式替代电能表辅助端子。

（7）停电主动上报。为满足通电快速抢修的要求，下一代智能电能表需具备停电事件主动上报功能。停电事件主动上报功能主要通过在通信模块中增加超级电容的方式实现。

（8）电压自适应、电流宽量程。目前三相电能表因应用现场的需求不同，规定多种电压规格和电流规格的表型。按电压规格划分，有 57.7V、100V 和 220V 三种表型，其中电压规格为 57.7V 和 220V 的电能表运用于三相四线系统，电压规格为 100V 的电能表运用于三相三线系统。按电流规格划分，有 0.3（1.2）A、1.5（6）A、5（60）A、10（100）A 等表型。为便于管理，同时有利于电能表厂商的生产和维护，提出电压自适应、电流宽量程的需求。

（9）上电校时。为使电能表在时钟电池欠压状态下维持时钟准确，避免时钟紊乱造成电能表更换，提出电能表上电校时功能。

（10）自动报警功能。电能表在接触不良的情况下，导线与电能表端子之间电阻会增大。电能表在该种情况下工作时，容易造成表端子发热甚至造成电能表烧毁故障。为了杜绝该种情况，电能表增加自动报警功能，通过在电能表端子附近增加热传感器，实现对电能表端子温度的测试。当电能表端子温度过高时，产生事件记录进行主动上报并断开负荷开关，本地表直接断开负荷开关，以达到保护电能表的目的。用温度或持续时间设置预警阈值，当温度达到某一温度值时，产生事件记录并报警；当温度持续增高或持续一段时间后，切断负荷开关。

（11）电能质量监测功能。电能表支持非侵入用户用电行为分析。同时，在电能表或用电信息采集系统中建立完善的电器负荷运行特征库、电器负荷通断特征库、负荷标签库、用户标签库，用大数据开展负荷特性分析，实现全时段、精细化、非侵入式用电行为监测，获取用户的用电行为和用电电器工况，帮助客户进行节能改造和用电行为的捕获，提高精准营销推荐能力。

（12）磁场检测功能。目前三相电能表已具备恒定磁场检测功能，需论证是否有必要在单相电能表增加恒定磁场检测功能，同时单、三相电能表支持高频磁场检测功能。

（13）通信协议升级。优化完善面向对象通信协议。

（14）电源及可靠性工艺提升。控制产品一致性，引入装配式理念，取消软连接焊点，在电路上设置测试点。同时，电能表壳体采用焊接技术以达到一体化设计。

2.2.7 功能特点

智能物联电能表在顶层设计时兼顾了安全性、可靠性、扩展性以及经济性，具备如下功能特点：

（1）分布式、大容量存储。智能物联电能表每个独立的模组都分配相应的存储空间，保存关键性的法制计量数据；另外，表计能够存储长达1年的分钟级电量，可以满足法制计量数据的溯源和其他业务对电能表数据采集频度的差异化需求，支撑电力市场现货交易的灵活电价机制。

（2）多元化高效通信。智能物联电能表管理模组标配低功耗蓝牙，能同时与采集器、手持设备、用户手机等外部设备进行数据交互，满足运维、检测、费控、人机交互等不同业务应用需求。扩展模组标配HPLC通信，并可通过标准化的接口满足RS485、LoRa、M-Bus、NB-IoT、CAN等主流物联网通信方式的接入。

（3）智能化显示。智能物联电能表采用点阵式液晶，能够个性化定制显示字体的大小、显示的内容，能够方便地生成二维码供运维人员和用户扫描、查询信息，满足能源互联网人机交互的发展需求。

（4）宽范围精准计量。智能物联电能表能够在20mA ～100A的负载电流范围内准确计量，满足电动汽车等大功率、宽范围负载的计量需求。同时，表计具备谐波电能计量及监测功能，为未来电网谐波治理、电能质量参与贸易结算提供计量依据。

（5）异常感知监测。智能物联电能表可通过在接线端子内部放置热敏电阻，实现在运表计端子温度的在线监测，避免因电能表故障和人为原因造成的火灾事故。此外，表计能够实现多种电网异常、电表能异常、用电异常事件的主动上报，满足故障定位、运维抢修等需求。

（6）操作系统应用。智能物联电能表的管理模组搭载了统一的操作系统，通过标准化的驱动接口实现了表计软件与硬件的耦合。操作系统的应用能更高效地利用智能电能表硬件资源，更方便地管理功能性软件，更合理地实现功能的扩展应用。

（7）功能应用可扩展。智能物联电能表的硬件上配备3个功能扩展模组，采用标准化硬件接口来支持不同业务场景模组的选配；操作系统部署了多个应用APP，可通过APP软件灵活扩展多个功能，满足产品的快速迭代和升级需求，更好应对未来业务扩展带来的挑战。

（8）柔性负荷控制。智能物联电能表可在电力用户欠费情况下不直接断电，而是通过对负载电流的限制，在只满足用户照明、手机充电等最基本的需求情况下，为用户缴费充电预留充足的时间，体现国家电网有限公司优质服务的理念。

（9）可靠性提升。智能物联电能表采用电池可更换式设计，并与表内新增的超级电容配合，有效保证时钟供电的可靠性；通过产品设计的优化及制造工艺的提升，表计的寿命延长至15年，提高现场运行可靠性。

2.2.8　应用场景

智能物联电能表的设计理念与能源互联网的建设思路高度契合，可与其他专业设备协同配合，支撑图2-17所示应用场景。

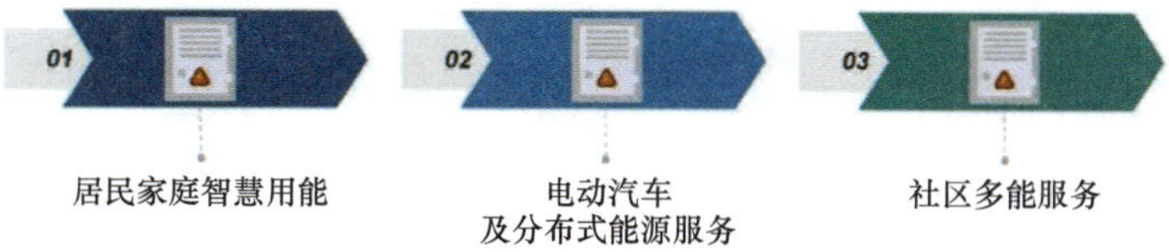

图2-17　智能物联电能表应用场景

（1）居民家庭智慧用能。智能物联电能表通过配置非介入式负荷辨识模组，采集用户总进线处的电压、电流、时间等数据，配合具备随器计量功能的智能家电、智能插座等新产品，依托大数据算法实现对家电负荷类型和状态分析，为居民家庭提供用能统计分析、家电需求响应、电气故障预警等增值服务，提高居民家庭用能水平。

（2）电动汽车及分布式能源服务。智能物联电能表通过配置有序充电模组，能够实现对台区各能源设施、用能设备和电动汽车实时状态的采集、感知和控制。智能物联电能表与台区管理单元及系统主站共同实现规模化电动汽车有序充电和分布式能源的消纳，实现全网的负荷调度，满足台区侧源网荷储协同服务的需求，为客户提供优质用能服务。

（3）社区多能服务。智能物联电能表不仅能够实现电气信息的采集，更能通过增加不同类型的通信模组实现热、水、气表的数据采集，实现社区范围内电、热、水、气交互耦合与协同控制，在保证社区用能舒适性的前提下，达到最优经济用能，同时促进社区清洁能源消纳。

智能物联电能表能够满足各类交互式用能设备的广泛接入，实现综合能源一体化采集、状态感知、实时监视和协调控制，达成“源网荷储”协同服务。

2.3 关键业务处理流程

本地费控智能电能表在电能表内进行电费实时计算，主要功能包括：

（1）当剩余金额小于或等于设定的报警金额时，电能表以声、光或其他方式提醒用户；当透支金额低于设定的门限金额时，电能表可发出断电信号，控制负荷开关中断供电；当电能表接收到有效的续交电费信息后，首先扣除透支金额，当剩余金额大于设定值（默认为零）时，方可通过远程或本地方式使电能表处于合闸或允许合闸状态，允许合闸状态由人工本地恢复供电。

（2）为了防止恶意攻击，确保CPU卡或射频卡片操作的安全性，购电卡在插入电能表后3s内，可完成相应的读写操作，如果有参数更新操作可在10s内完成相应的读写操作。

远程费控智能电能表具备远程费控功能，支持通过虚拟介质远程实现充值，参数设置及控制功能。

电能表可通过主站或售电系统下发拉闸命令，对电能表进行拉合闸控制。开关内置表计具有内置负荷开关，可以实现远程断送电；开关动作，中断供电。开关外置表计具有外置负荷开关，实现远程断电。

1. 本地费控流程

本地费控智能电能表远程、本地控制时费控流程分别如图2-18和图2-19所示。

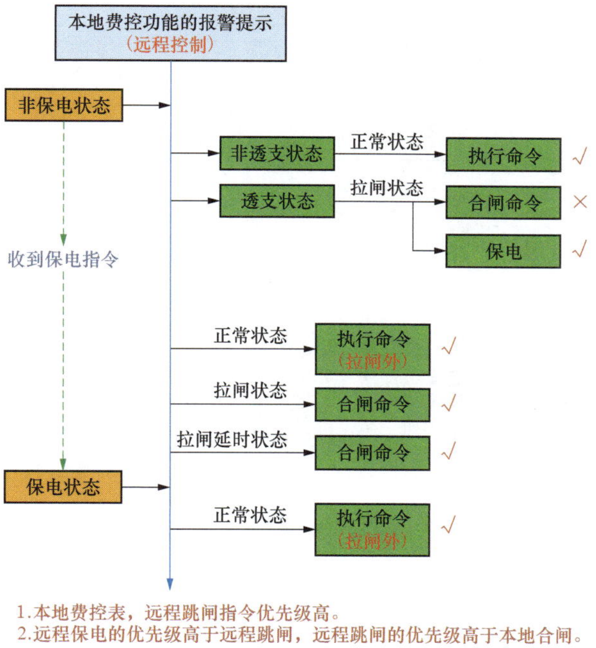

图2-18　本地费控智能电能表远程控制时费控流程图

报警提示：

（1）剩余金额≥0操作流程。

1）剩余金额≤报警金额1。点亮背光，同时液晶“请购电”闪烁显示（闪1s灭1s）。

2）剩余金额=报警金额2。电能表拉闸，点亮背光，拉闸灯常亮，同时液晶“请购电”闪烁显示（闪1s灭1s），“拉闸”字样常显。

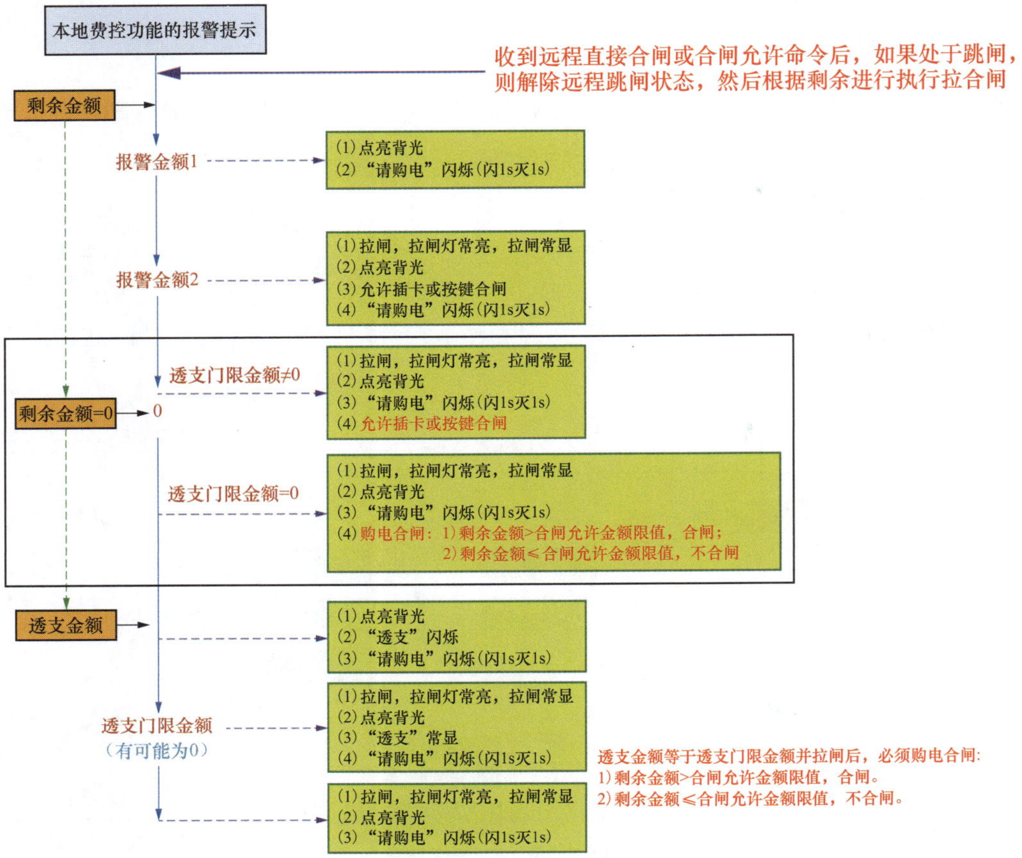

图2-19　本地费控智能电能表本地控制时费控流程图

3）剩余金额=0，透支门限金额≠0。电能表拉闸，点亮背光，拉闸灯常亮，同时液晶“请购电”闪烁显示（闪1s灭1s），“拉闸”字样常显（允许插卡或按键合闸恢复）。

4）剩余金额=0，透支门限金额=0。电能表拉闸，点亮背光，拉闸灯常亮，同时液晶“请购电”闪烁显示（闪1s灭1s），“拉闸”字样常显；拉闸后，这时必须再购电（须判断合闸允许金额限值，出厂默认设置为0元）才合闸，步骤如下：

a）剩余金额>合闸允许金额限值，合闸；

b）剩余金额≤合闸允许金额限值，不合闸。

剩余金额为用户购电金额剩余数量，当有该值时表示电能表内有存储金额；透支金额为用户赊欠金额数量，当有该值时表示电能表内存储为用户透支金额。

（2）进入透支状态操作流程。液晶屏显示上2行中“透支”字样（三相表液晶上2行没有“透支”字样，不用显示），同时液晶屏下方的“透支”字样闪烁，相应透支金额记录在电能表和卡中的透支金额数据项，剩余金额数据项记为0。

1）当电能表处于透支状态，且电能表处于保电状态不允许跳闸时。液晶“请购电”闪烁显示（闪1s灭1s），透支状态下，液晶屏下方“透支”字样闪烁。

2）当电能表处于透支状态，且电能表未处于保电状态时。

a）透支门限金额不为0。

◆ 透支金额低于透支门限金额：点亮背光，同时液晶“请购电”闪烁显示（闪1s灭1s），液晶屏下方的“透支”字样闪烁。

◆ 透支金额等于透支门限金额：拉闸，点亮背光，跳闸灯常亮，同时液晶“请购电”闪烁显示（闪1s灭1s），液晶屏下方的“拉闸”和“透支”字样常显。

◆ 透支金额高于透支门限金额：当由于继电器故障无法跳闸时，点亮背光，跳闸灯不亮，同时液晶“请购电”闪烁显示（闪1s灭1s），“拉闸”字样常显。

◆ 透支金额等于透支门限金额并拉闸后，这时必须再购电（须判断合闸允许金额限值，出厂默认设置为0元）才合闸，步骤如下：剩余金额＞合闸允许金额限值，合闸；剩余金额≤合闸允许金额限值，不合闸。

◆ 当有透支金额时，购电充值要先减去透支金额后将剩余值记入剩余金额中去。

b）透支门限金额等于0。剩余金额=0：当由于继电器故障无法跳闸时，点亮背光，跳闸灯不亮，同时液晶“请购电”闪烁显示，“拉闸”字样常显，此时允许购电充值。

2. 远程费控流程

远程费控智能电能表费控流程如图2-20所示。

（1）报警及报警解除。电能表收到“报警”命令后：应点亮液晶屏背光，“请购电”字符闪烁。电能表收到“报警解除”命令后：“请购电”字符停止显示，在无其他报警情况下，背光灯灭。

（2）跳闸。

1）电能表收到“跳闸”命令后，在跳闸前的延时过程中，应点亮液晶屏背光，“拉闸”字符闪烁（闪1s灭1s），跳闸指示灯不亮。

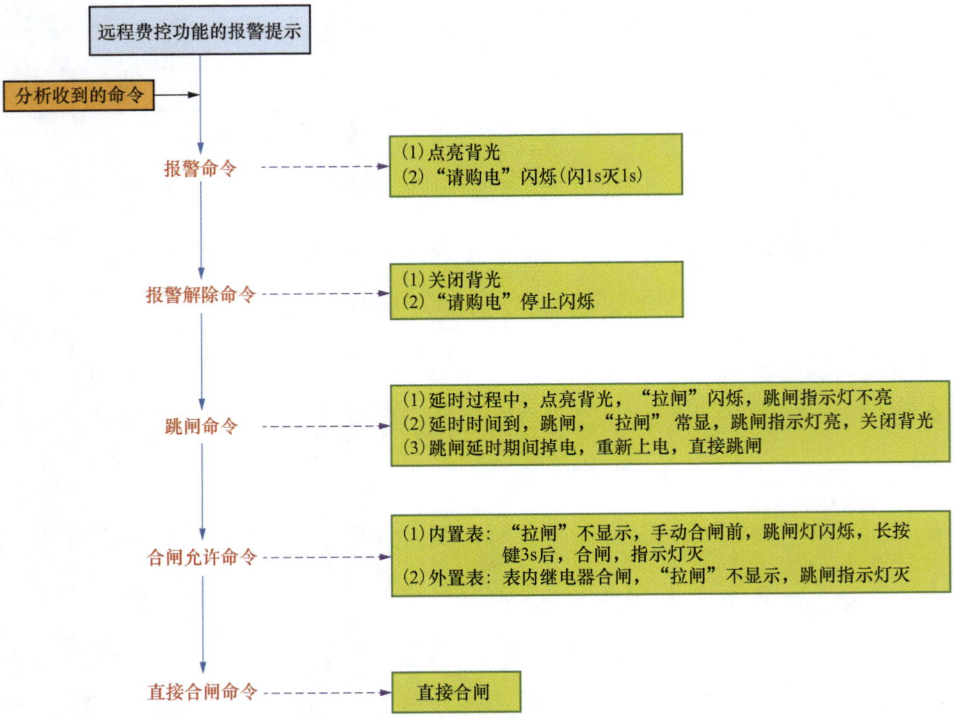

图2-20 远程费控智能电能表费控流程图

2）跳闸延时时间到，执行跳闸，“拉闸”字符常显，跳闸指示灯亮。

3）跳闸延时期间掉电，重新上电时，直接跳闸。

（3）合闸允许。

1）对开关内置表，电能表收到“合闸允许”命令后，处于合闸允许状态，“拉闸”字符停止显示，在用户手动合闸前，跳闸指示灯闪烁（亮1s，灭1s）。用户长按电能表按键3s后，表内负荷开关合闸，跳闸指示灯灭。

2）对开关外置表，电能表收到“合闸允许”命令后，表内继电器直接合闸，“拉闸”字符停止显示，跳闸指示灯灭。

（4）直接合闸，不管开关内置、外置，电能表收到“直接合闸”命令后，直接执行合闸动作。

3 采集设备概况

采集设备是采集系统中的重要环节，它通过RS-485、电力线载波、无线微功率等通信方式采集智能电表、智能开关等信息采集点的数据，并对采集的数据进行处理、分类存储、上报采集系统。

3.1 专用变压器采集终端

3.1.1 基本概念

专用变压器采集终端（简称专变采集终端）是对专用变压器用户用电信息进行采集的设备，主要安装于专用变压器用户计量节点，可以实现电能表数据的采集、电能计量设备工况和供电电能质量监测，以及客户用电负荷和电能量的监控，并对采集数据进行管理和双向传输。

3.1.2 外观结构

专变采集终端Ⅲ型外形尺寸为290mm（高）×180mm（宽）×95mm（厚），如图3-1所示。

3.1.3 液晶界面显示

专变采集终端界面如图3-2所示，图形显示含义见表3-1。

3.1.4 接线方法

专变采集终端Ⅲ型接线端子示意如图3-3所示，接线端子定义见表3-2。

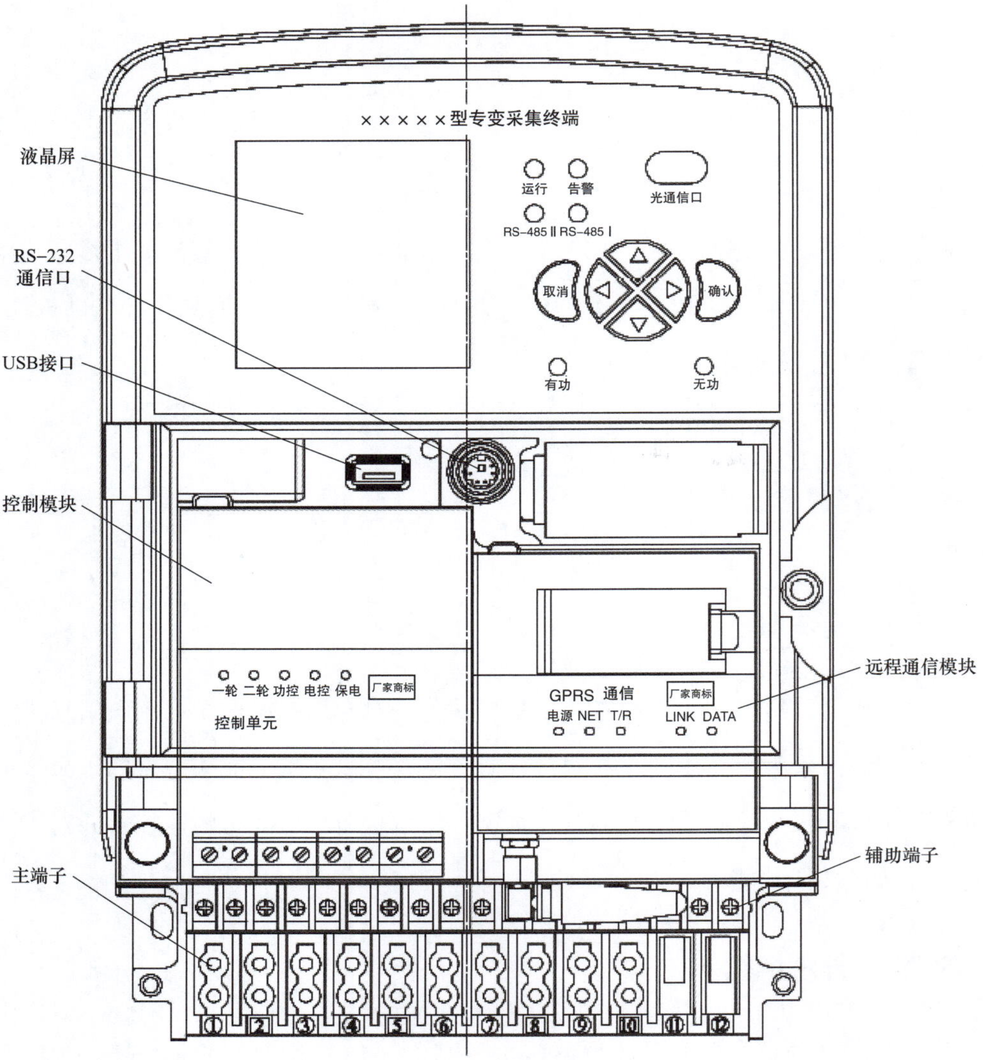

图3-1　专变采集终端开盖结构示意图

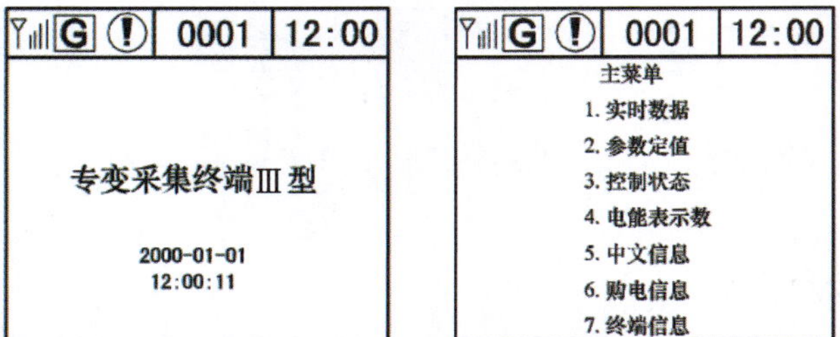

专变采集终端Ⅲ型主界面　　专变采集终端Ⅲ型主菜单

图3-2　专变采集终端界面

表3-1　专变采集终端Ⅲ型界面图形显示含义

图标	说明
	信号强度指示，最高是4格，最低是1格 当信号强度只有1~2格时，表示信号弱，通信不是很稳定，信号强度为3~4格时，表示信号强，通信比较稳定
	通信方式指示： G—采用GPRS通信方式 S—采用SMS（短消息）通信方式 C—CDMA通信方式 L—有线网络 W—无线电台通信方式 T—4G
	异常告警指示，表示终端或测量点有异常情况。当终端发生异常时，该标志将和异常事件报警编码轮流闪烁显示
00	事件编号
××××	表示第 *n* 号测量点数据（*n* 取值范围为0001~2048）

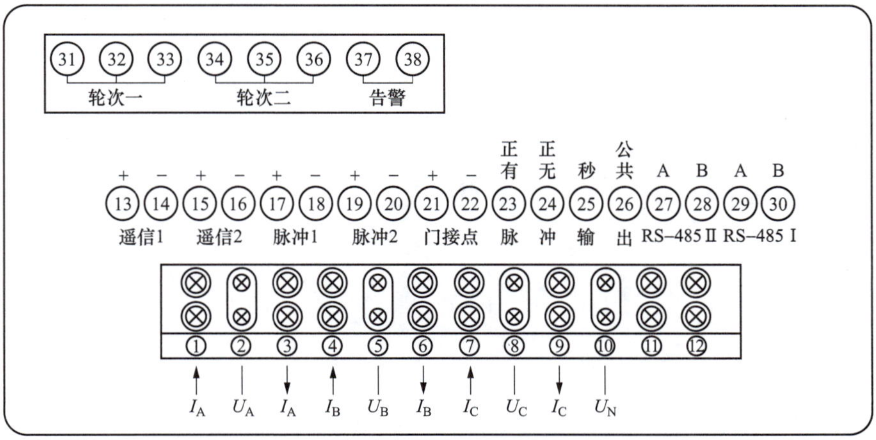

图3-3　专变采集终端Ⅲ型接线端子示意图

表3-2　专变采集终端Ⅲ型接线端子定义表

序号	接线端子	序号	接线端子	序号	接线端子
1	A相电流端子	5	B相电压端子	9	C相电流端子
2	A相电压端子	6	B相电流端子	10	电压中性线端子
3	A相电流端子	7	C相电流端子	11	辅助电源正（选配）
4	B相电流端子	8	C相电压端子	12	辅助电源负（选配）

续表

序号	接线端子	序号	接线端子	序号	接线端子
13	遥信端子 1+	22	门接点 -	31	轮次一动合点
14	遥信端子 1-	23	脉冲输出 正有	32	轮次一公共点
15	遥信端子 2+	24	脉冲输出 正无	33	轮次一动断点
16	遥信端子 2-	25	脉冲输出 秒脉冲	34	轮次二动合点
17	脉冲端子 1+	26	脉冲输出 公共地	35	轮次二公共点
18	脉冲端子 1-	27	RS-485 Ⅱ A	36	轮次二动断点
19	脉冲端子 2+	28	RS-485 Ⅱ B	37	告警动合点
20	脉冲端子 2-	29	RS-485 Ⅰ A	38	告警公共点
21	门接点 +	30	RS-485 Ⅰ B		

3.1.5 工作原理

电源模块为整个设备提供稳定的电源系统；核心板作为采集设备的核心模块，主要运行操作系统，协调各个模块完成各类任务，如数据存储、数据采集、数据上报等；采集设备通过本地通信模块、RS-485接口、遥信、脉冲接口等，采集智能电能表、智能开关等设备的数据；通过远程通信模块、以太网口、RS-232、红外等接口，将采集处理后的数据传送给采集系统主站；通过交流采样模块测量终端输入的电流、电压、累计电量等，实现数据统计、失压、过流、掉电等告警，并将累计电量通过脉冲输出接口，向外输出脉冲；设备的工作状态、通信状态通过指示灯进行展示，采集到的数据、产生的事件、设置的参数可以通过按键和液晶查看。采集设备架构如图3-4所示。

3.1.6 安装流程

1. 施工准备

（1）安全帽、绝缘胶鞋、梯子等保护与攀登工具。

（2）准备好现场安装的工具，包括掌机、万用表、尖嘴钳、斜口钳、十字大号螺

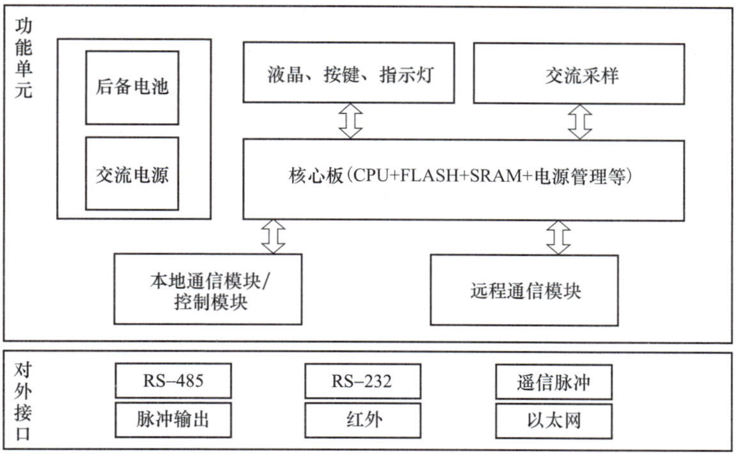

图3-4 采集设备架构

丝刀、一字大号螺丝刀、十字小号螺丝刀、一字小号螺丝刀、绝缘胶带、接线板、带夹电源线、记号笔、手枪电钻、ϕ3.2和ϕ4.2钻头、钢卷尺。

（3）GPRS或CDMA1X通信模式的终端准备好SIM卡或UIM卡。

（4）准备好各种线材，如电压接线、电流接线、RS-485通信线、开关控制线、遥信线、脉冲接入线、门接点输入线等。各接线的建议规格见表3-3。

（5）根据计量箱情况准备门禁用的行程开关。

表3-3 各接线的建议规格

线路名称	线材类型	规格	长度（根据实际情况）	数量(根据实际情况）
电压接线	单芯硬线	2.5mm^2	0.5m	3-三相三线 4-三相四线
电流接线	单芯硬线	4mm^2	0.5m	4-三相三线 6-三相四线
RS-485通信线	双色双绞线（带屏蔽）	0.3mm^2	1m	1
开关控制线	两芯护套硬线	1mm^2	2m	4
遥信接线	双色双绞线（带屏蔽）	0.3mm^2	2m	3
脉冲接线	双色双绞线（带屏蔽）	0.3mm^2	1m	4
门接点接线	双色双绞线（带屏蔽）	0.3mm^2	1m	2
告警输出线	单芯护套硬线	2.5mm^2	5m	2

（6）准备好安装用户的用户名、用户号、安装地点、所属线路及供电所、容量、电压互感器（TV）变比、电流互感器（TA）变比等档案参数。

（7）准备好安装用户所使用的多功能表型号、地址、通信规约等参数。

（8）施工记录表。记录安装地点及地貌、台区名称、所属线路及供电所、容量、TV变比、TA变比，SIM/UIM卡编号及电话号码、终端地址、资产编号、采集的多功能表型号、地址、通信规约等信息，以及简要施工任务描述。

（9）在安装终端前，至少需要安装好有固定IP地址的前置机并正常运行。

（10）为加快安装进度，对终端的配置工作最好在主站完成。因此可要求终端出厂前配置好工程所用服务器的IP地址和端口号；或在安装前配置好终端的服务器IP地址和端口号。

2. 调试步骤

（1）在终端上插上SIM/UIM卡。

（2）使用钢卷尺和记号笔测量并标记好打孔位置后，使用电钻打孔。

（3）安装挂钩，将终端挂好，再拧上固定螺栓。

（4）安装电源回路停电。

（5）连接电压线、电流线，然后装好强弱电隔离板。

（6）按工程要求连接RS-485通信线、脉冲线、遥信线、跳闸控制线、门接点线等。

（7）终端上电调试，插好终端通信电池。

（8）上好铅封，安装完成，清理现场，作好记录。

3.2 集中器

3.2.1 基本概念

集中抄表终端是对低压用户用电信息进行采集的设备，主要安装于低压居民用户用电台区，包括集中器、采集器。集中器是收集各采集器或电能表的数据，并进行处理储存，同时能和主站或手持设备进行数据交换的设备。采集器是用于采集多个或单个电能表的电能信息，并可与集中器交换数据的设备。采集器依据功能可分为基本型采集器和简易型采集器。基本型采集器抄收和暂存电能表数据，并根据集中器的命令将储存的数据上传给集中器。简易型采集器直接转发集中器与电能表间的命令和数据。

目前常用的集中器外观如图3–5所示。

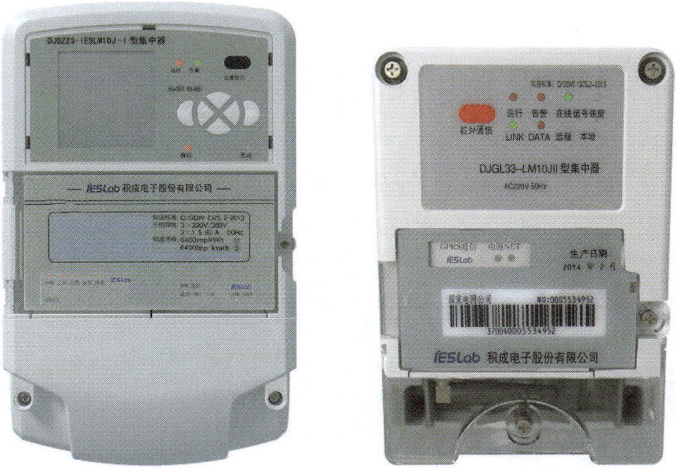

集中器Ⅰ型　　集中器Ⅱ型

图3–5　集中器外观

3.2.2　外观结构

集中器外观尺寸、外观结构示意如图3–6所示。

3.2.3　液晶界面显示

集中器界面如图3–7所示，图形显示含义见表3–4。

3.2.4　接线方法

集中器接线端子如图3–8所示，端子定义见表3–5。

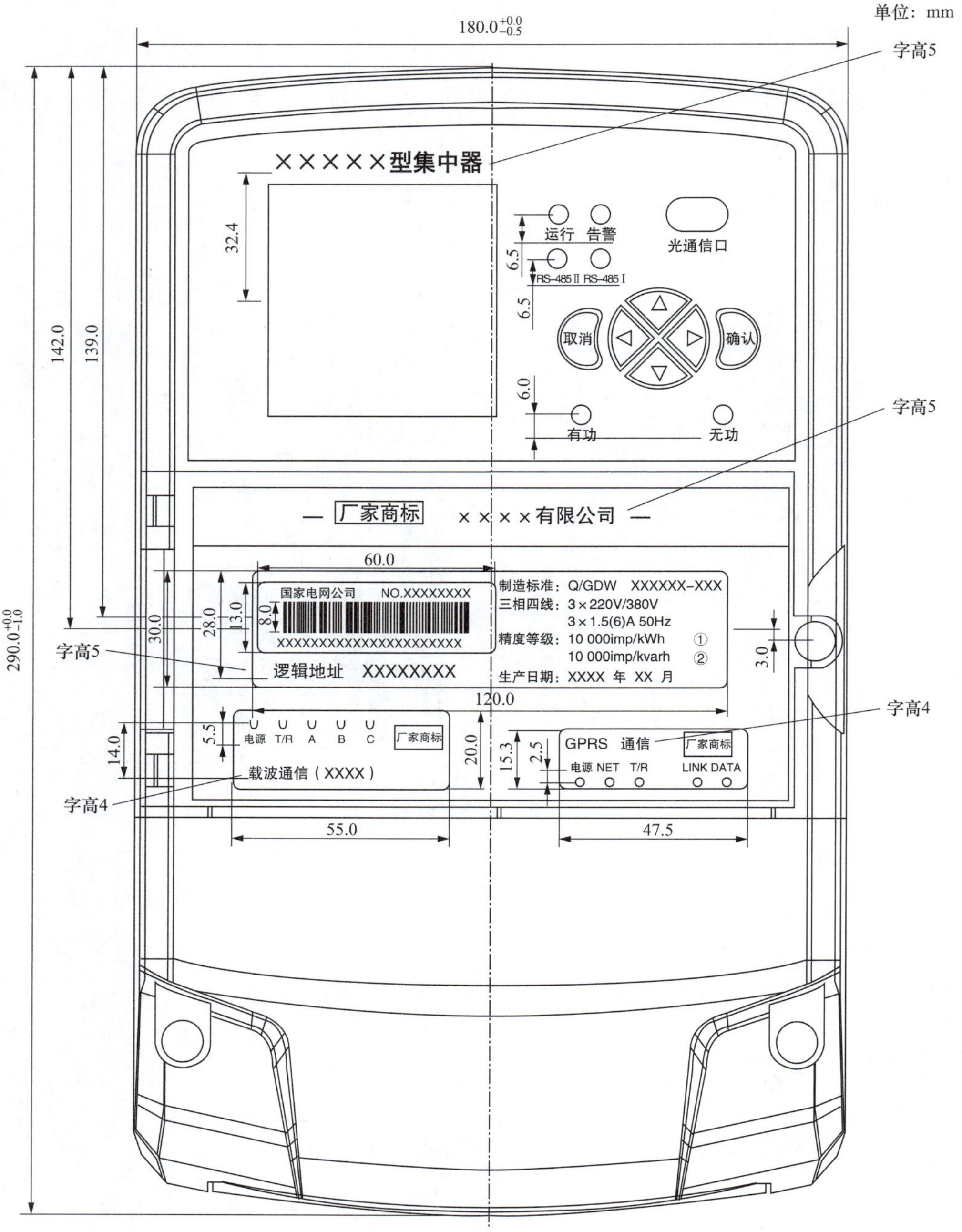

注：未注字高3mm。

集中器Ⅰ型外观结构示意图

图3-6 集中器外观尺寸、外观结构示意（一）

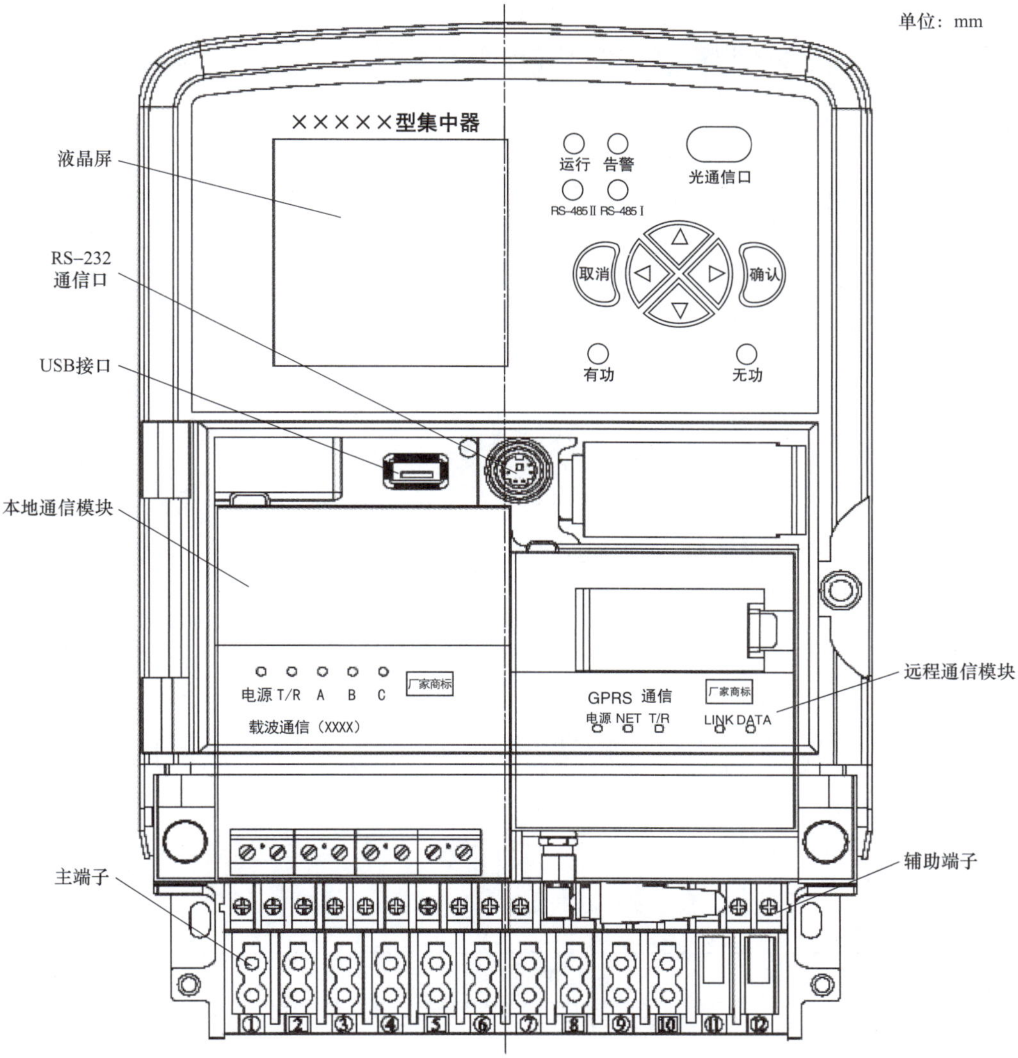

集中器Ⅰ型外观结构示意图

图3-6　集中器外观尺寸、外观结构示意（二）

集中器Ⅰ型主界面

集中器Ⅰ型主菜单

图3-7　集中器界面

表3-4 集中器Ⅰ型界面图形显示含义

图标	说明
	信号强度指示，最高是 4 格，最低是 1 格 当信号强度只有 1 ~2 格时，表示信号弱，通信不是很稳定；信号强度为 3~4 格时，表示信号强，通信比较稳定
G	通信方式指示： G—采用 GPRS 通信方式 S—采用 SMS（短消息）通信方式 C—CDMA 通信方式 L—有线通信方式 W—无线电台通信方式 T—4G
	异常告警指示，表示集中器或测量点有异常情况。当集中器发生异常时，该标识将和异常事件报警编码轮流闪烁显示
××××	第 *n* 号测量点数据（*n* 取值范围为 0001~2048）

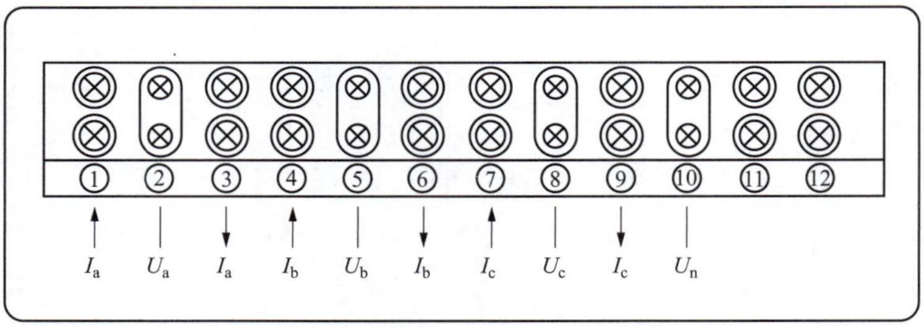

集中器Ⅰ型主接线端子

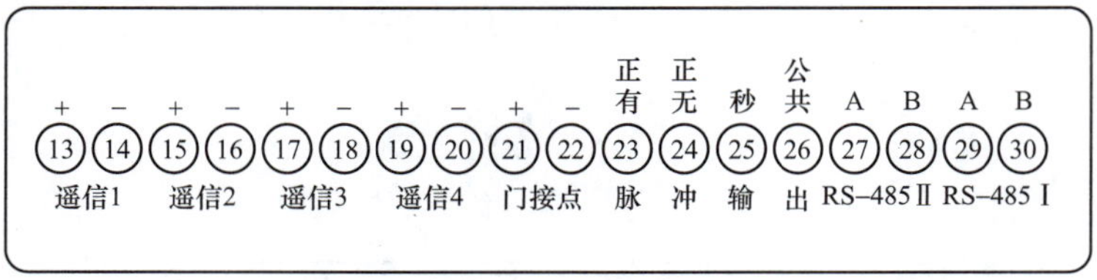

集中器Ⅰ型辅助接线端子

图3-8 集中器接线端子

表3-5 集中器Ⅰ型接线端子定义表

序号	接线端子	序号	接线端子	序号	接线端子
1	A 相电流端子	3	A 相电流端子	5	B 相电压端子
2	A 相电压端子	4	B 相电流端子	6	B 相电流端子

续表

序号	接线端子	序号	接线端子	序号	接线端子
7	C 相电流端子	15	遥信端子 2+	23	脉冲输出 正有
8	C 相电压端子	16	遥信端子 2–	24	脉冲输出 正无
9	C 相电流端子	17	遥信端子 3+	25	脉冲输出 秒脉冲
10	中性线电压端子	18	遥信端子 3–	26	脉冲输出 公共地
11	预留	19	遥信端子 4+	27	RS–485 Ⅱ A
12	预留	20	遥信端子 4–	28	RS–485 Ⅱ B
13	遥信端子 1+	21	门接点 +	29	RS–485 Ⅰ A
14	遥信端子 1–	22	门接点 –	30	RS–485 Ⅰ A

3.2.5 工作原理

同专变采集终端工作原理（见3.1.4）。

3.2.6 安装流程

1. 施工准备

（1）准备好现场安装工具，包括掌机、万用表、尖嘴钳、斜口钳、剥线钳、十字大号螺丝刀、一字大号螺丝刀、十字小号螺丝刀、一字小号螺丝刀、绝缘胶带、接线板、带夹电源线、记号笔、手枪电钻、ϕ3.2和ϕ4.2钻头、钢卷尺。

（2）准备低压集中器、远程通信单元、本地通信单元、天线及SIM卡。

（3）准备好各种线材，如电压接线、电流接线、RS–485通信线、遥信线、脉冲接入线等。各接线的建议规格见表3–6。

表3–6　各接线的建议规格

线路名称	线材类型	规格	长度（根据实际情况）	数量（根据实际情况）
电压接线	单芯硬线	2.5mm^2	0.5m	4– 三相四线
电流接线	单芯硬线	4mm^2	0.5m	6– 三相四线

续表

线路名称	线材类型	规格	长度（根据实际情况）	数量（根据实际情况）
RS-485 通信线	双色双绞线（带屏蔽）	$0.3mm^2$	1m	1
遥信 / 脉冲接线	双色双绞线（带屏蔽）	$0.3mm^2$	2m	4

（4）核查用户安装信息并提前办理工作票。

2. 安装调试步骤

（1）安装低压集中器。

（2）正确连接电压线、电流线，RS-485线，然后装好强电绝缘板、铅封。

（3）安装远程通信单元、本地通信单元、SIM 卡及天线。

（4）低压集中器上电后，终端运行指示灯开始闪烁（0.55亮灭），液晶进入初始化界面，表示终端开始工作。

（5）核对低压集中器内主站 IP 地址、端口号、APN 等参数，若参数配置错误，则正确设置低压集中器参数，然后复位低压集中器。

（6）终端复位后，如果液晶界面左上方处显示的字母有中括号如([4G] 或 [C])，表示终端已连接上主站；此时，为了提高安装速度，其他配置工作可以在主站进行。

（7）完成系统内低压集中器安装调试并正确下发电能表参数。

（8）系统召测关联电能表数据，查看集中器采集是否正常工作。

3.3 台区智能融合终端

3.3.1 基本概念

台区智能融合终端概念的提出，源于近年来配电网发展过程中所遇到的多样化需求。近年来，电网公司逐步开展老旧台区自动化、信息化改造。然而，在低压配电网规模不断扩大，新能源接入等新兴需求不断涌现的背景下，传统低压台区管理体系已无法满足配电台区大量数据处理和功能实现的要求。融合终端正是配电物联网架构下

“智能配电台区”各项业务的终端设备载体。

台区智能融合终端（SCU）是国家电网有限公司新推出的台区用电信息采集终端，支持“云管边端”的智慧物联体系架构；集配电台区供用电信息采集、各采集终端或电能表数据收集、设备状态监测及通信组网、就地化分析决策、协同计算等功能于一体，可接入配电自动化系统主站、用电信息采集系统主站；应用限定于公用变压器台区，融合了配电变压器终端、集中器、台区表功能；满足电力二次系统安全防护有关规定，集成了安全芯片。

3.3.2 外观结构

台区智能融合终端延续营销采集终端基本外观，外观结构为壁挂式，尺寸为290mm（长）×180 mm（宽）×95 mm（高）。外观结构如图3–9和图3–10所示。

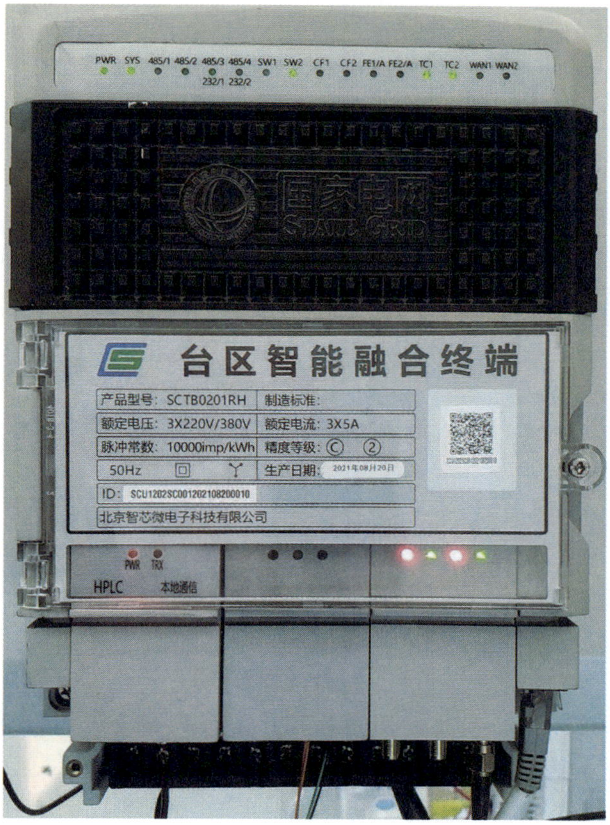

图3–9 台区智能融合终端外观图

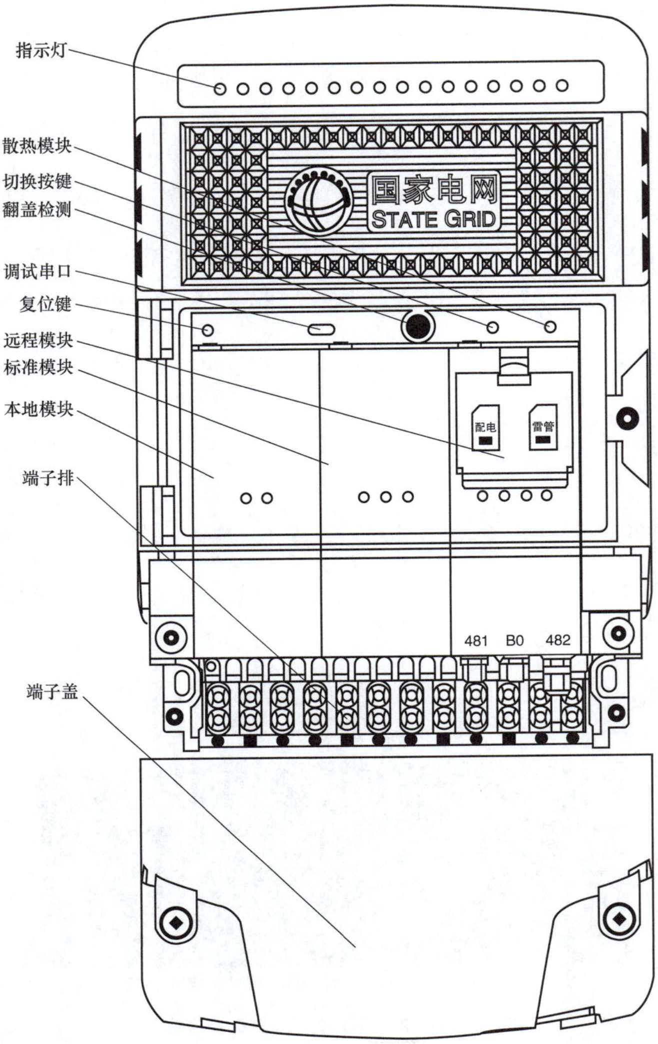

台区智能融合终端外观结构示意图（正视图）

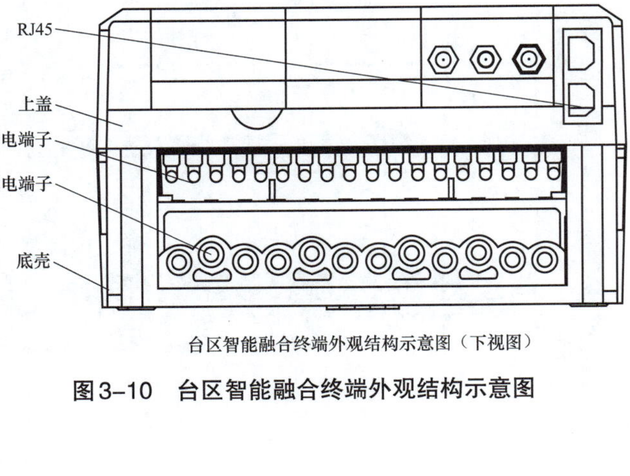

台区智能融合终端外观结构示意图（下视图）

图3-10　台区智能融合终端外观结构示意图

台区智能融合终端具备TYPE-C接口类型的RS-232调试串口。终端调试串口RS-232线缆结构如图3-11所示，线缆针脚关系见表3-7。

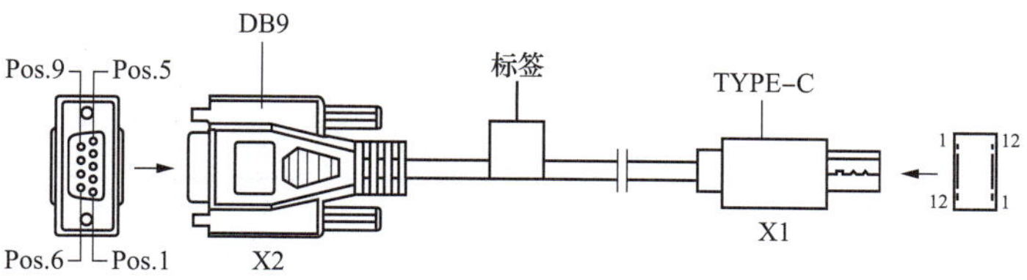

图3-11　调试串口配置线缆结构图

表3-7　调试串口配置线缆针脚关系表

X1（TYPE_C）	信号	信号方向	X2（DB9）
7、19	TXD	→	2
1、12、13、24	GND	–	5
6、18	RXD	←	3

注 1.TXD、RXD是相对终端定义的，应分别连接到对接终端设备的RXD和TXD。
2. 未描述的管脚表示未连接。

3.3.3　接线方法

台区智能融合终端接线端子示意如图3-12所示，接线端子定义见表3-8和表3-9。

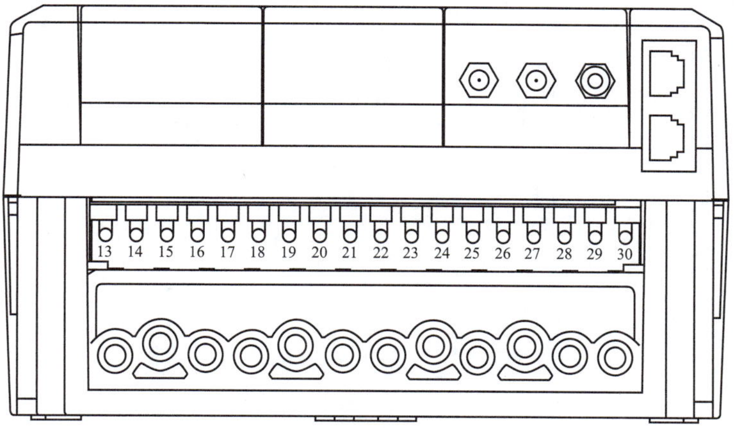

台区智能融合终端接线端子示意图

图3-12　台区智能融合终端接线端子示意图（一）

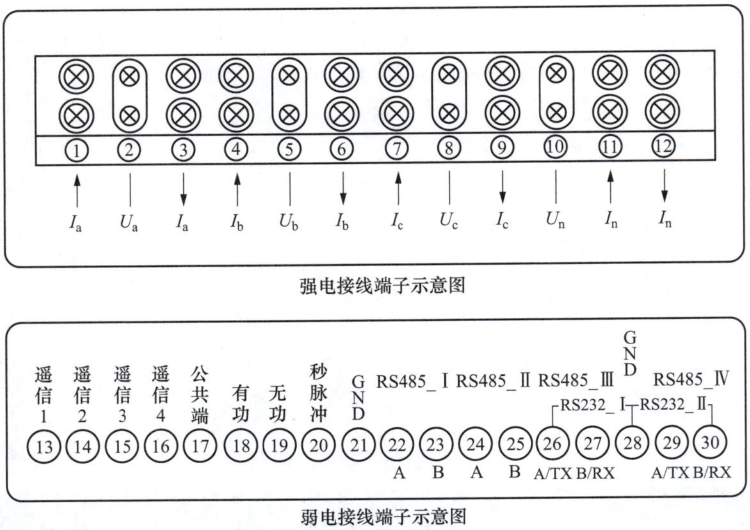

图3-12　台区智能融合终端接线端子示意图（二）

表3-8　强电接线端子定义表

序号	定义	备注
1	A 相电流端子 _P	
2	A 相电压	
3	A 相电流端子 _N	
4	B 相电流端子 _P	
5	B 相电压	
6	B 相电流端子 _N	
7	C 相电流端子 _P	
8	C 相电压	
9	C 相电流端子 _N	
10	电压公共端	
11	零序电流端子 _P	
12	零序电流端子 _N	

表3-9 弱电接线端子定义表

序号	定义	备注
13	遥信 I	
14	遥信 Ⅱ	
15	遥信Ⅲ	
16	遥信Ⅳ	
17	遥信公共端	
18	有功脉冲输出	
19	无功脉冲输出	
20	秒脉冲输出	
21	GND	
22	485 串口Ⅰ端 A	
23	485 串口Ⅰ端 B	
24	485 串口Ⅱ端 A	
25	485 串口Ⅱ端 B	
26	232 串口Ⅰ发送 /485 串口 III 端 A	
27	232 串口Ⅰ接收 /485 串口 III 端 B	
28	GND	
29	232 串口Ⅱ发送 /485 串口 IV 端 A	
30	232 串口Ⅱ接收 /485 串口 IV 端 B	

3.3.4 工作原理

台区智能融合终端应用架构主要分为功能单元和对外接口两大部分。软件分操作系统层和应用层，操作系统层包括操作系统内核、硬件驱动框架、启动程序、系统接口、硬件抽象层和系统组件，操作系统通过系统接口为APP提供系统调用接口，通过硬件抽象层提供硬件设备访问接口，系统组件与应用层通过消息总线通信；应用层包括基础APP和业务APP以及相应的容器，APP之间通过消息总线进行数据交互。

终端硬件架构与软件架构如图3-13所示。

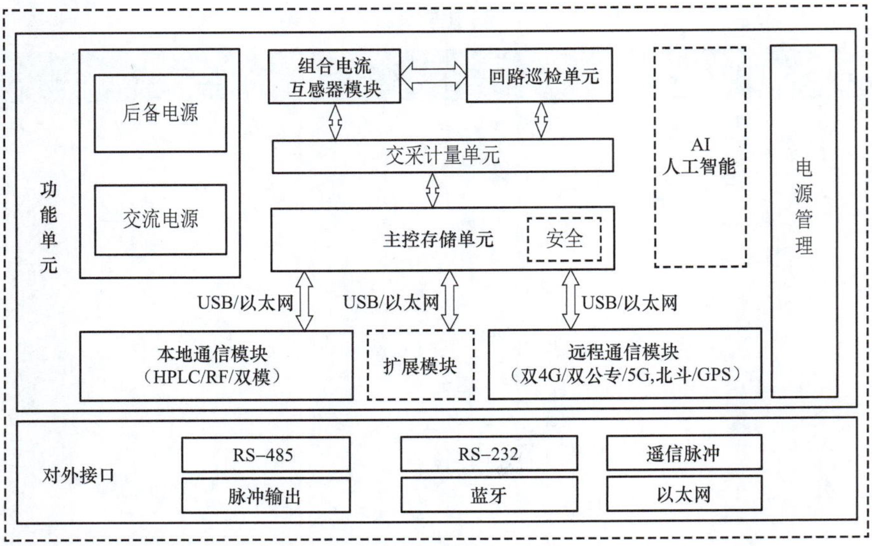

台区智能融合终端硬件架构

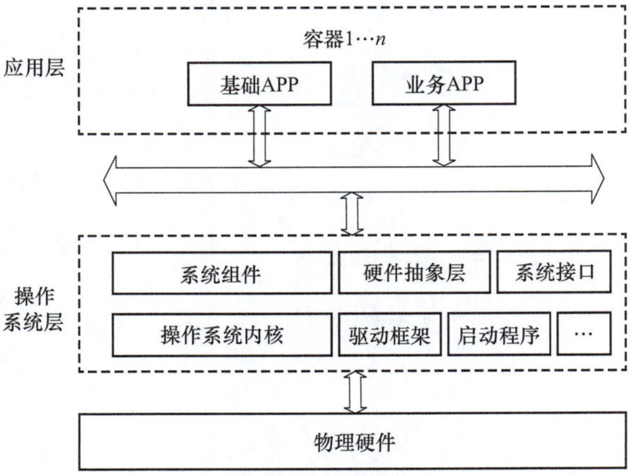

台区智能融合终端软件架构

图3-13　台区智能融合终端硬件架构与软件架构

3.3.5　主要特点

（1）采用“硬件平台化、软件APP化”设计理念。

（2）融合营销、配电据采集功能于一体，配备双加密芯片。

（3）支持边缘计算、容器等技术。

（4）集成国家电网自主边缘设备管理组件，支持设备、容器和应用的远程管理。

（5）支持双4G、北斗/GPS定位，支持配自/营销数据同源采集。

3.4 能源控制器

3.4.1 基本概念

能源控制器终端源自2014年国家电网公司提出的模组化终端的概念。传统采集设备在部分地区存在功能与需求不匹配和通信方式单一的问题，不能满足各地区的差异化需求，且终端的种类较多，制约了行业的发展。将采集终端设计成多个功能独立的模组结构形式，并按各地区实际需求配制相应的模组组合，可形成具有不同功能的终端，以满足市场对用电信息采集终端多样化的需求，能源控制器（模组化终端）在这种形势下产生。

能源控制器用于计量、测量、边缘计算。在低压居民台区，以变压器为中心，以居民用户为末端节点，基于HPLC载波技术形成台区能源控制网络，实现台区计量、变压器监测、环境量采集、分支/表箱设备采集、居民用户电能、水、气、热能计量数据采集，以及台区负荷控制及优化，对工商业用户，除了计量与采集外，更多的是用于企业负荷控制与能效管理。此外，还可用于电动汽车有序充电、分布式能源管理、电能质量分析等。

能源控制器根据应用场景分成公用变压器和专用变压器，根据应用场景可配备不同的功能模块形成对应的设备。如公用变压器标配HPLC模块、远程通信模块、回路巡检模块、遥脉模块、RS-485模块；专用变压器标配控制模块、远程通信模块、回路巡检模块、遥脉模块、RS-485模块。在2023年的国家电网有限公司设备招标项目中，能源控制器（公用变压器）被台区智能融合终端取代，能源控制器（专用变压器）仍有采购计划。

3.4.2 外观结构

能源控制器外观结构为壁挂式，尺寸为290mm（长）×180 mm（宽）×95 mm（高），外观及外观结构示意如图3-14和图3-15所示。

图3-14　能源控制器外观

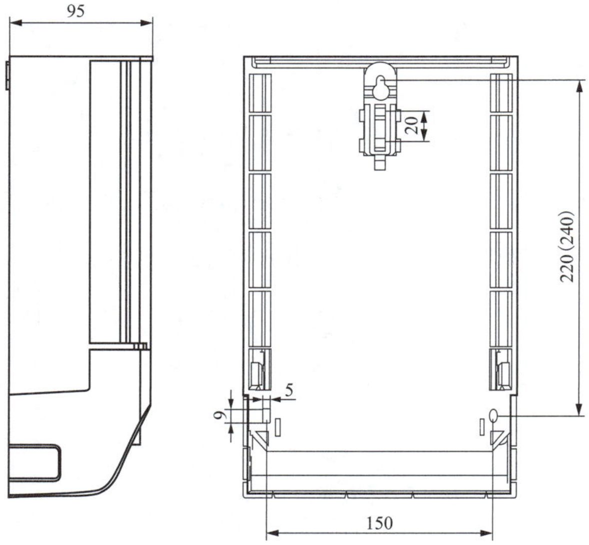

图3-15　能源控制器外观结构示意图（一）

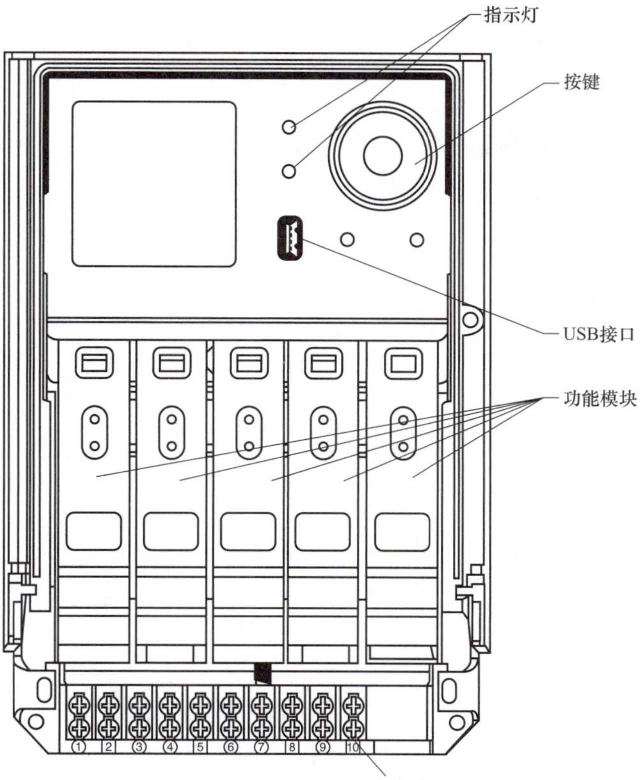

终端外观结构示意图

图3-15　能源控制器外观结构示意图（二）

终端可分为电源交流采样模块底座（见图3-16）、终端处理显示模块及各功能模块。

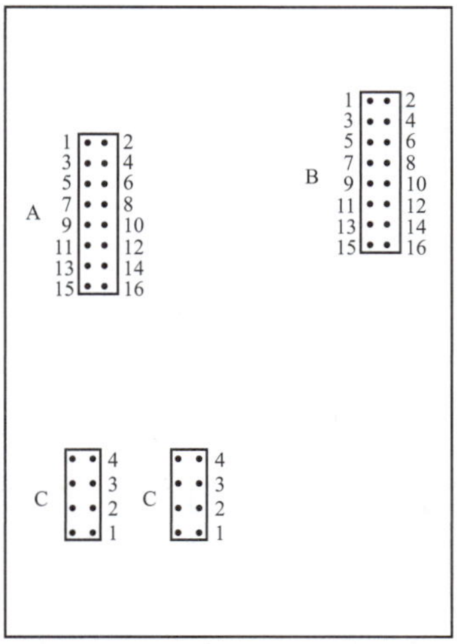

终端电源交采模块底座外形结构示意图

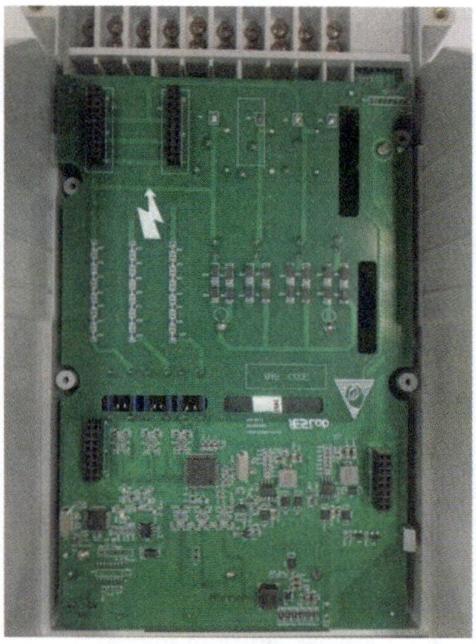
终端电源交采模块底座外观

图3-16　终端电源交采模块底座

A区域为电源交采模块对外电源和交采数据通信传输接口，接口定义见表3-10。

表3-10　A区域接口定义

模块对应引脚编号	信号类别	信号名称	信号方向	说明
1	信号	PWR5.5_DET	输出	5.5V 掉电检测，掉电时输出低电平（3.3V TTL 电平）
2	信号	RST	输入	回路状态检测模块复位输入引脚，默认上拉至 3.3V，持续 20μs 低电平对模块复位操作
3	电源	5.5V	电源输出	电源交采模块电源 输出电压 DC5.5V ± 0.5V； 输出波纹 100mV； 输出功率 15W
4	电源	5.5V	电源输出	
5	电源地	GND	电源输出	电源地输出，要求对应主控模块引脚的插针比其他信号引脚稍长 0.5mm
6	电源地	GND	电源输出	
7	信号	TXD	输出	电源交采模块数据发送（3.3V TTL 电平）
8	信号	RXD	输入	电源交采模块数据接收（3.3V TTL 电平）
9	信号	SPI_CLK	输入	电源交采模块 SPI 接口时钟信号（3.3V TTL 电平）
10	信号	SPI_MOSI	输入	电源交采模块 SPI 数据接收（3.3V TTL 电平）
11	信号	SPI_MISO	输出	电源交采模块 SPI 数据发送（3.3V TTL 电平）
12	信号	SPI_CSO	输入	电源交采模块 SPI 接口片选信号（3.3V TTL 电平）
13	信号	SPI_CSI	输入	回路状态检测模块 SPI 接口片选信号（3.3V TTL 电平）
14	信号	AP	输出	有功脉冲（高电平点亮）
15	信号	RP	输出	无功脉冲（高电平点亮）
16	地	GND	电源输出	电源地输出，要求对应主控模块引脚的插针比其他信号引脚稍长 0.5mm

B区域为电源交采模块与处理显示模块（见图3-17）的以太网通信部分接口，通过接口插件与处理实现模块桥接，接口定义见表3-11。

表3-11　B区域接口定义

模块对应引脚编号	信号类别	信号名称	信号方向	说明
1	信号	RX1+	输入	上行以太网接收（差分线）
2	信号	RX1-	输入	上行以太网接收（差分线）
3	信号	TX1+	输出	上行以太网发送（差分线）
4	信号	TX1-	输出	上行以太网发送（差分线）
5	信号	RX2+	输入	本地以太网接收（差分线）
6	信号	RX2-	输入	本地以太网接收（差分线）
7	信号	TX2+	输出	本地以太网发送（差分线）
8	信号	TX2-	输出	本地以太网发送（差分线）
9	—	NC	—	空引脚，PCB无焊盘设计，过孔非金属化，连接件对应位置无插针，用于增加安全间距，提高绝缘性能
10	—	NC	—	
11	电源地	GND	—	电源地输出，要求对应主控模块引脚的插针比其他信号引脚稍长0.5mm
12	电源地	GND	—	
13	信号	LINK1	输出	上行网络指示灯输出信号，高电平点亮，指示网络物理连接已建立
14	信号	DATA1	输出	上行网络指示灯输出信号，高电平点亮，指示网络有数据正在传输
15	信号	LINK2	输出	本地网络指示灯输出信号，高电平点亮，指示网络物理连接已建立
16	信号	DATA2	输出	本地网络指示灯输出信号，高电平点亮，指示网络有数据正在传输

终端根据实际需求配置不同的功能模块，功能模块外观如图3-18所示。

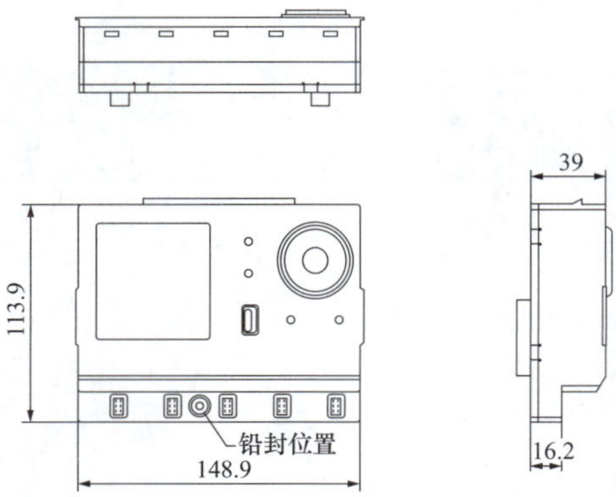

终端显示处理模块外形结构示意图

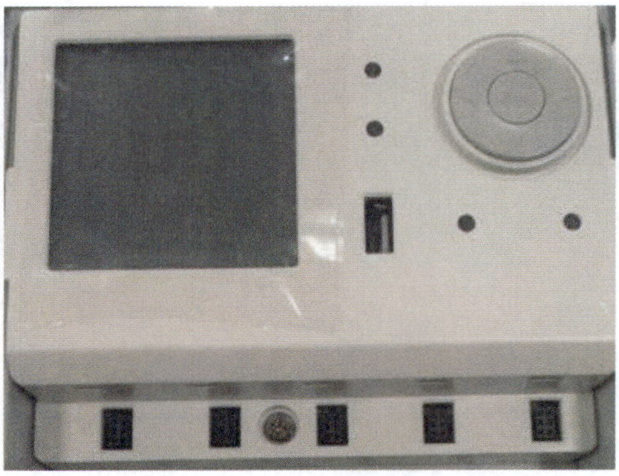

终端显示处理模块外形

图3-17　终端显示处理模块

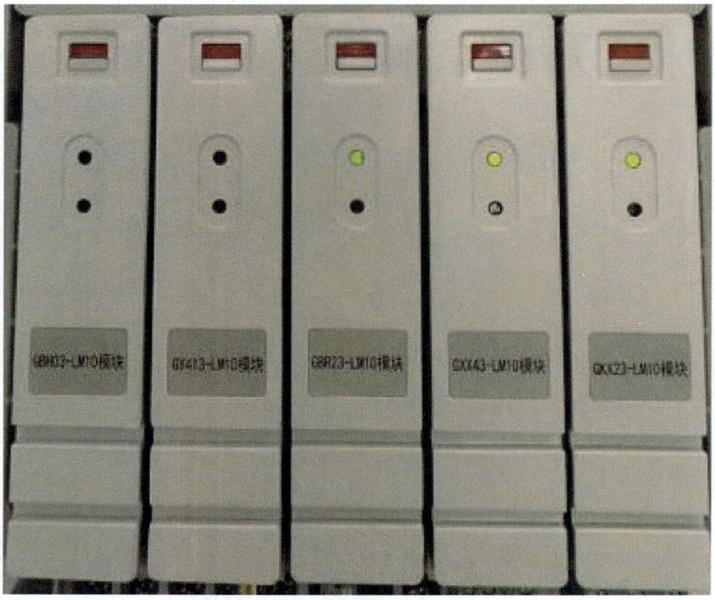

图3-18　能源控制器功能模块图

3.4.3　液晶界面显示

终端LCD显示主画面分为顶层显示状态栏、底层显示状态栏和终端显示画面，如图3-19所示。顶层显示状态栏和底层显示状态栏的显示控制权由桌面显示进行控制，中间显示画面控制权由桌面显示和APP显示根据按键进行切换。顶层状态各符号含义见表3-12，APP图标信息见表3-13。

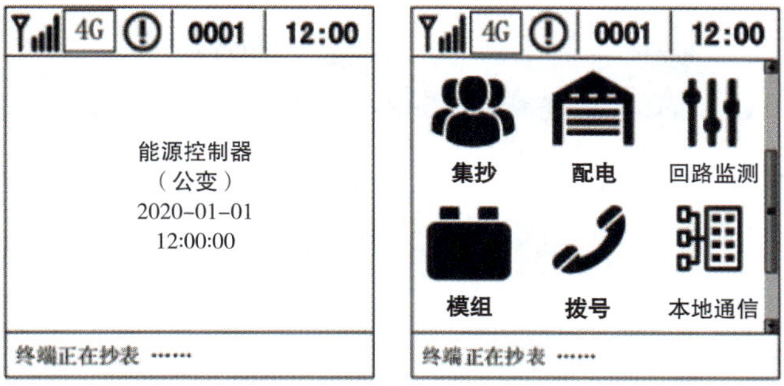

图3-19　终端显示主界面图

表3-12　顶层状态各符号含义

序号	图标	说明
1		信号强度指示，最高是 4 个，最低是 1 格。 当信号只有 1~2 格时，表示信号弱，通信不是很稳定。信号强度为 3~4 格时，信号强，通信比较稳定
2	4G	通信方式指示： S 表示采用 SMS（短消息）通信方式； 2G 表示为 2G 通道通信方式； 3G 表示为 3G 通道通信方式； 4G 表示 4G 通道通信方式
3	L	L 表示有线网络
4		表示终端有告警事件发生
5		表示秘钥下装状态，在秘钥未下装时，图标闪烁，下装后，不再显示；与告警图标共用一个位置，交替显示
6	0001	表示当前页面数据内容所属的表计的配置序号
7	12:00	表示当前时间（hh:mm）

表3-13　APP图标信息表

序号	APP 名称	简称	图标
1	系统管理	系统	
2	无线远程拨号管理	拨号	
3	模组管理器	模组	

续表

序号	APP 名称	简称	图标
4	本地抄表模块管理	本地通信	
5	回路监测	回路监测	
6	居民家庭智慧用能管理	集抄	
7	台区智能监测	配电	

3.4.4 接线方法

能源控制器接线端子示意如图3-20所示，接线端子定义见表3-14。

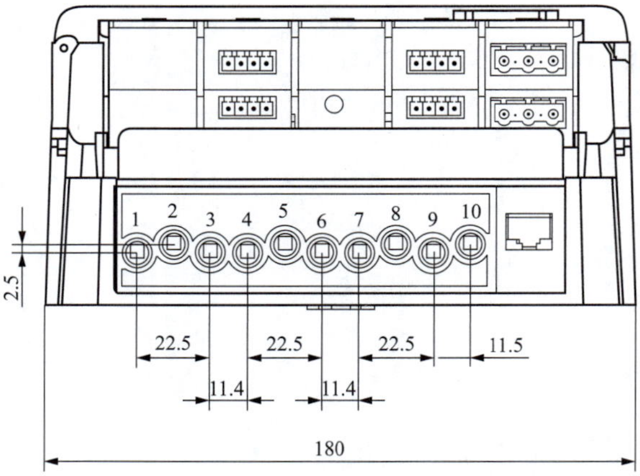

图3-20 能源控制器接线端子示意图

表3-14 强电接线端子定义表

序号	定义	备注
1	A 相电流端子 _P	
2	A 相电压	
3	A 相电流端子 _N	
4	B 相电流端子 _P	
5	B 相电压	

续表

序号	定义	备注
6	B 相电流端子 _N	
7	C 相电流端子 _P	
8	C 相电压	
9	C 相电流端子 _N	
10	电压公共端	
	网络端口	

3.4.5 工作原理

终端硬件由电源计量模块、主控模块、后备电源、功能模组构成。电源计量模块提供终端整机正常运行的电源，同时实现独立的计量相关功能；主控模块是显示和业务处理的核心单元；功能模组采用可插拔设计，用于扩展本体功能。终端具有五个功能模组槽位，可配置的功能模组包括但不限于本地通信模组、回路状态巡检模组、无线远程通信模组、RS-485模组、遥信脉冲模组、控制模组等。终端硬件架构组成如图3-21所示。

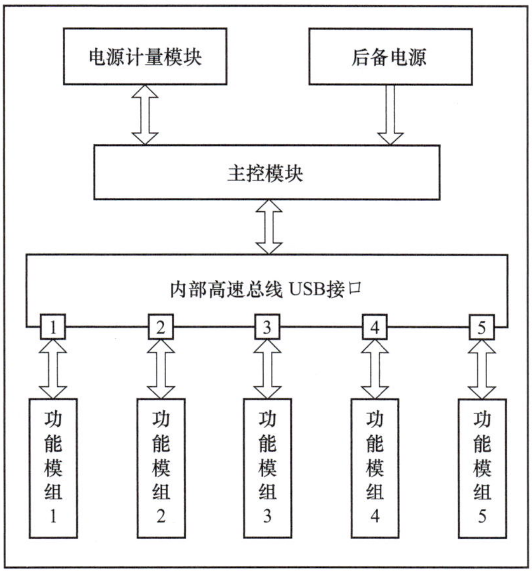

图3-21　终端硬件架构组成框图

终端软件分系统层和应用层，系统层包括统一嵌入式操作系统、硬件驱动、系统接口层、HAL，操作系统通过系统接口层为应用层提供系统调用接口，通过HAL提供硬件设备访问接口；应用层包括各类APP，APP包括基础APP、边缘计算APP、高级业务APP以及其他APP，APP之间通过消息总线进行数据交互。终端软件架组成如图3-22所示。

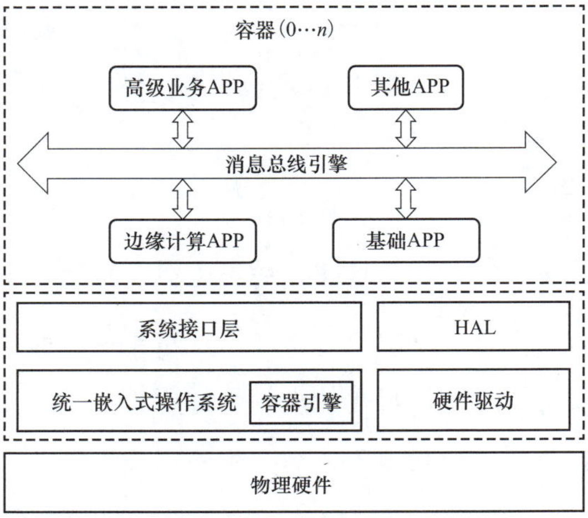

图3-22 终端软件架构组成框图

3.4.6 主要特点

能源控制器具有数据采集、数据处理、参数、控制、事件、数据传输、时钟及定位、本地功能、能源控制器维护、安全防护、台区智能监测、电能质量分析、低压侧用电管理、无功补偿、分布式能源管理、多元化负荷管理、能效管理等功能。

（1）数据采集。电能表数据采集、状态量采集、脉冲量采集、交流模拟量采集、直流模拟量采集。

（2）数据处理。能源控制器支持实时数据、秒冻结、分钟冻结、小时冻结、日冻结、月冻结、结算日冻结、年冻结功能，冻结周期以及存储深度可配置，冻结数据源可配置为任意能源控制器实时数据。

（3）负荷控制。包括功率定值控制、电量定值控制、保电/剔除、远程控制四大类。

（4）事件及上报。根据主站设置的事件属性自动判断事件产生或恢复，事件产生或恢复时，根据主站的配置决定是否需要上报，同时记录上报状态。每条记录的内容包括事件类型、发生时间及相关关联数据信息。

（5）数据传输。与主站通信，考虑业务现状，能源控制器延用营、配主站的连接通道，同时兼容物联管理平台；与电能表通信，按设定的抄收间隔抄收和存储电能表数据；可以接受主站的数据转发命令，将电能表的数据通过远程信道直接传送到主站。

（6）时钟及定位。时钟自动同步，支持与主站时钟同步、与无线公网时钟同步、与卫星时钟同步；集成GPS/北斗双模，定位精度应满足水平误差不大于10m，高程误差不大于15m。

（7）本地功能及维护。具有本地状态指示，指示运行、告警等工作状态。具备本地液晶显示，可进行参数设置或APP数据展示；具备USB以及以太网等本地维护接口，通过维护接口可配置运行参数，进行软件升级等；具有自动识别功能模块、自测试、自诊断功能，发现设备的部件或功能模块工作异常能立即恢复并记录异常信息。

（8）安全防护。支持内嵌国家密码管理部门认可的密码算法的安全芯片/安全模组，实现主站、能源控制器的身份认证及数据交互的完整性、机密性、可用性保护，并宜实现对本地重要存储数据的机密性、完整性保护。

3.5 关键业务处理流程

3.5.1 电量控制业务

电量控制是专变采集终端的关键业务，分为购电控和月电控，主要用于控制用户的购电量和用电量。剩余电量等于购电量减用电量，用电量是终端采集电能表的电量数据，进行计算而得。购电控与月电控的控制流程基本相似，购电控业务处理流程，如图3–23所示。

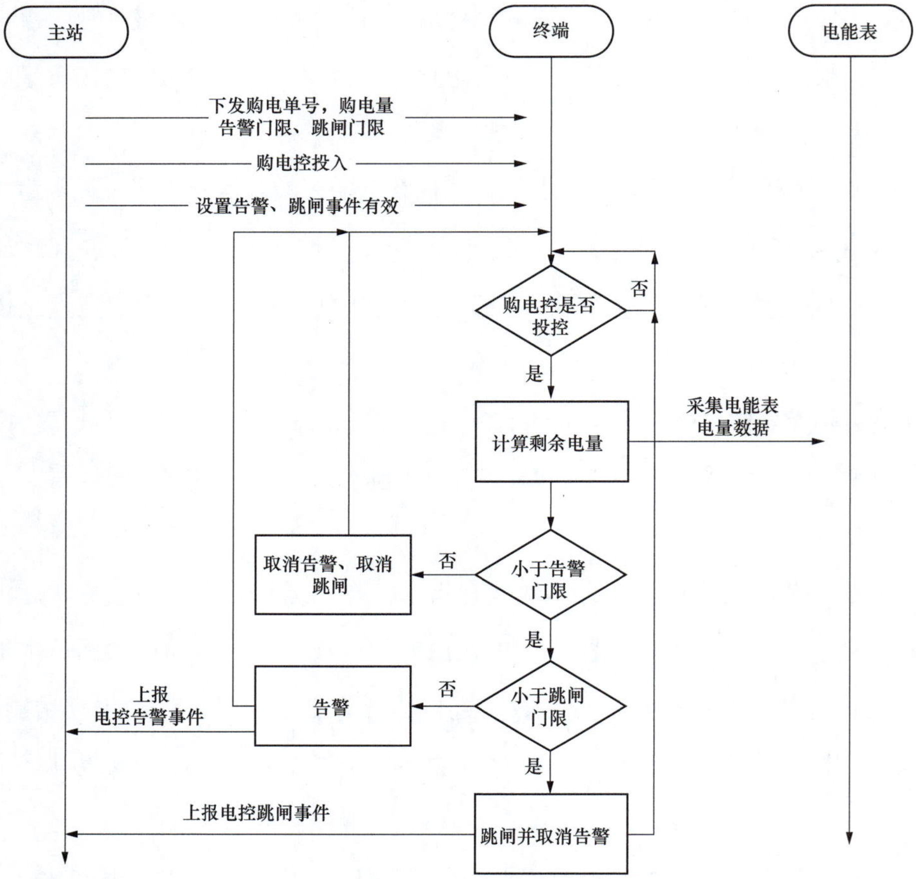

图3-23　购电控业务处理流程

在购电控进行控制前，用电采集系统主站往终端里下发购电信息，主要包括购电单号、购电量、告警门限、跳闸门限（一般为0，且小于告警门限）、电控相关事件参数等，主站下发投控命令后，终端开始执行购电控，实时计算剩余电量。

当剩余电量大于告警电量门限时，用户可以正常用电，随着用电量累计增加，当剩余电量小于告警门限且大于跳闸门限时，终端会通过持续声光告警来提示用户，购电量剩余不多，请及时购电，当用户重新购电，剩余电量增加，大于告警门限时，则告警取消，否则继续告警，这时仍不影响用户用电。

当剩余电量小于跳闸门限时，终端通过控制模块对用户进行跳闸，限制用户用电，直到用户重新购电或购电控解除。

3.5.2 时钟管理业务

时钟管理业务是采集设备对时钟异常电能表自动识别，定时对电能表进行广播校时（电能表只接受误差5min以内对时），而且对于时钟误差超过5min的电能表，可以协助主站完成精确对时的业务。时钟管理业务主要为保证电能表时钟正常，具体流程如图3–24所示。

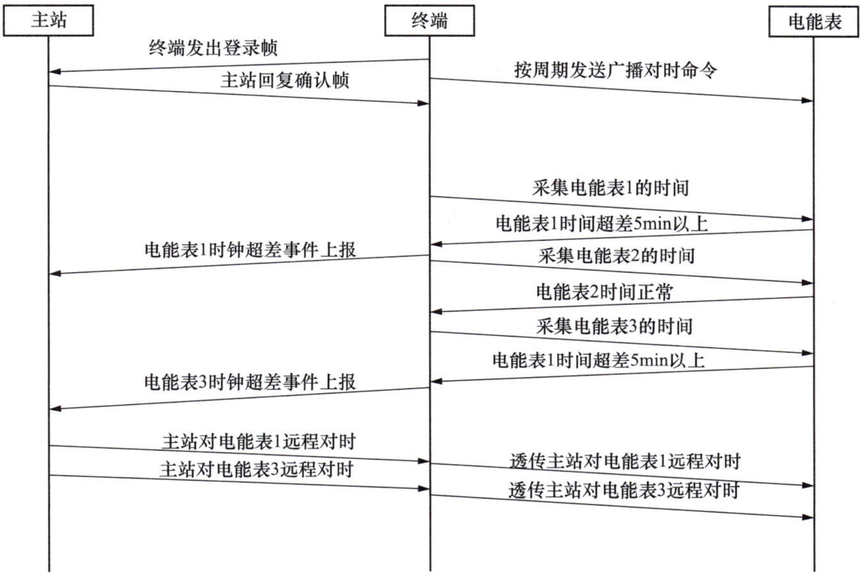

图3–24 时钟管理流程

采集终端每天按照设置的广播校时周期参数（一般在每天凌晨0:00后），定时发起广播校时，完成对一部分时差5min内的电能表的对时。终端按照周期采集任务，定时采集电能表时间，当电能表时间与终端时间差超过5min，上报电能表时钟超差事件。主站收到超差事件后，通过采集终端透明传输功能，对超差电能表进行单点校时。

3.5.3 档案自动同步

利用HPLC高速率的特点，及台区自动识别的功能，基于面向对象通信协议，可以实现电能表档案信息、设备参数自上而下、自下而上的双向同步，确保设备档案信息的准确。集中器主要的工作流程如图3–25所示。

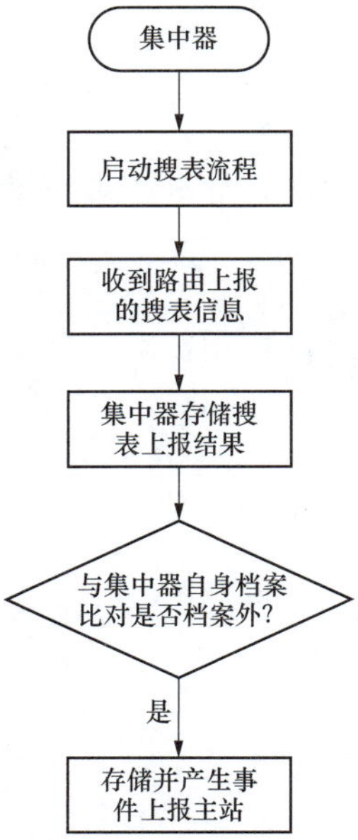

图3-25　搜表流程

集中器定时自动发起搜表功能，或接收主站的启动搜表命令后，暂停抄表任务，对HPLC主模块激活从节点主动注册，等待CCO上报搜表信息，集中器将上报的搜表信息（表地址、表协议）进行存储，并与自身档案进行比较，将档案外的电能表信息产生“发现未知电能表事件”，并上报用采系统主站。采集系统收到集中器上报的新增电能表事件后跟营销系统档案进行比对，同步营销系统档案，并组织新电能表参数下发给集中器。

3.5.4　全事件采集业务

按照业务需求，将智能电能表事件根据紧急或重要程度分成四个等级。一级事件（紧急事件），电能表通过采集终端主动上报主站，如电能表过流、开表盖；二级、三级事件，通过采集终端周期采集后上报，如校时、电源异常、断相等；四级事件，主站按需通过采集终端透传召测，如电压不平衡。

一级事件主动上报流程，即由电能表主动上报事件部分，电能表的事件主要通过载波模块上报给集中器后，集中器处理事件，并将事件上报主站。

四级事件主要由主站发起召测，终端作为透明通道，将主站对电能表的召测帧和响应帧传给对方，不做处理。

二级、三级事件的处理流程如图3–26所示。

图3–26　二、三级事件采集上报流程

主站对终端配置二级、三级全事件参数（电能表事件发生次数数据标识和采集周期），不同等级的事件采集周期不同，终端按周期定时采集事件的发生次数并存储，当下一周期采集的发生次数大于上一周的发生次数时，判断有该事件发生，且本周期事件发生的次数就是两次采集结果的差。终端采集本周期内所发生的事件内容，并将事件内容上报到主站。

4 通信模块概况

通信模块是采集系统主站、采集终端、智能电能表间通信的桥梁。在电力用户用电信息采集系统中，通信模块一般指远程通信模块和本地通信模块。

随着移动通信技术发展，远程通信模块从2G到3G、4G，再到5G，有了远程通信模块，采集终端可以通过无线专网连接主站。

本地通信模块分为电力线载波通信模块和微功率无线通信模块。电力线载波通信是以输电线路为载波信号的传输媒介的电力系统通信，微功率无线通信是一种无线自组网技术，可以实现一定范围内的各个微功率无线模块间的通信。有了载波通信模块或微功率无线模块，采集终端就可以与电能表通信，采集电能表数据。

4.1 模块概念

通信单元(communication unit)是用于电力用户用电信息采集系统主站与采集终端之间、采集终端与采集器，以及采集器 / 采集终端与电能表之间本地通信的通信模块或通信设备。

电力线载波通信单元（power line communication unit）是用电力线载波通信方式，用于集中器和采集器，以及集中器和电能表之间通信的模块。

微功率无线通信单元（micropower wireless communication unit）是采用民用无线电专用频段通信，用于集中器与采集器，以及集中器与电能表之间通信的模块。

4.2 模块结构

4.2.1 上行通信模块

上行通信模块安装于集中器、专变采集终端等终端设备上，部分远程电能表支持安装远程通信模块，可将终端上的数据通过无线公网上传至采集系统主站，同时将主站的指令传输至终端。远程通信模块外观及板卡图如图4-1所示。

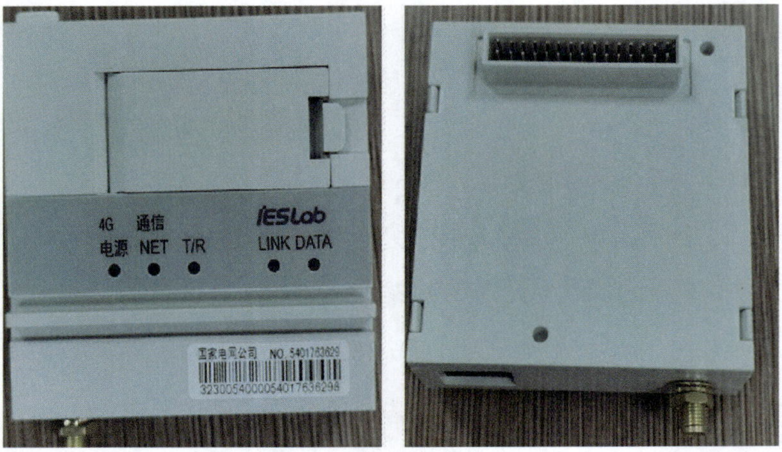

远程通信模块外观

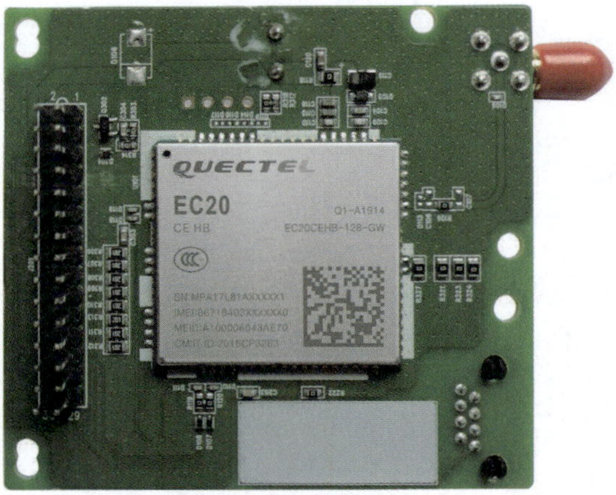

远程通信模块板卡

图4-1　远程通信模块外观及板卡

上行通信模块的功能基本一致，以Ⅰ型集中器远程通信模块的引脚为例，介绍远程通信模块的引脚结构。上行通信板接口应采用二排直插式插针，引脚间距2.54mm，引脚数为30（2 × 15），接口定义（俯视）如图4-2所示，管脚定义见表4-1。

图4-2　上行通信模块接口定义俯视图

表4-1　远程通信模块管脚定义

模块对应引脚编号	信号类别	信号名称	信号方向（针对模块）	说明
1、2	电源地	GND	电源地	电源地输入
3、4	电源	VIN_4V	电源输入	模块电源输入，4V ± 0.2V 正常工作电流 500mA，电压纹波小于 30mV 最大电流 2A，可持续 1ms
5	信号	DCE_TXD	输出	模块串口输出信号（3.3V/TTL）
6	信号	DCE_RXD	输入	模块串口输入信号（3.3V/TTL）
7、8、9	NC	NC	悬空不接	NC
10	USB 差分信号	USB_D+	输入 / 输出	USB HOST 接口
11	USB 差分信号	USB_D−	输入 / 输出	可用于 3G/4G 模组通信
12	控制信号	PCTRL	输入	(U)SIM 卡加热控制信号 低电平时关断（3.3V/TTL）
13	电源地	GND	电源地	模块电源地输入
14	控制信号	/RST	输入	模块复位控制信号 低电平时模块处于复位状态（3.3V/TTL）
15	控制信号	ON/OFF	输入	模块控制信号 低电平持续 1s 为开机信号（3.3V/TTL）
16	状态识别	STATE0	输出	模块类型识别（下拉到 GND 的接法）
17	状态识别	STATE1	输出	模块类型识别（预留电阻，悬空）
18	状态识别	STATE2	输出	
19	状态识别	STATE3	输出	
20	状态识别	STATE4	输出	
21	网络信号	/LED_ACT	输入	网络状态指示灯输入信号 低电平有效 指示网络有数据正在传输

续表

模块对应引脚编号	信号类别	信号名称	信号方向（针对模块）	说明
22	网络信号	/LED_LINK	输入	网络状态指示灯输入信号
				低电平有效
				指示网络物理连接已建立
23	网络信号	TD+	输出	以太网发送
24	网络信号	TD−	输出	
25	网络信号	RD+	输入	以太网接收
26	网络信号	RD−	输入	
27、28	电源	VCC 3V3	电源输入	逻辑电路工作电源
				可用于网络变压器、电平转换、指示灯驱动等，3.3V ± 0.3V
				电流不小于 50mA，电压纹波小于 30mV
29、30	电源地	GND	电源地	电源地输入
				其插针长度比其他信号引脚的插针长度长 0.5mm

本地通信模块的管脚结构如图4–3所示，接口定义见表4–2。

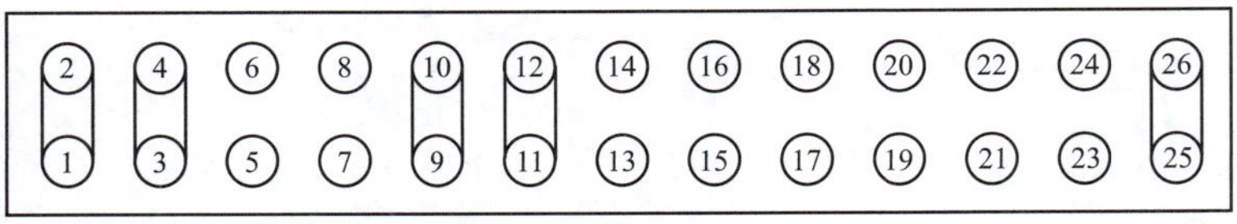

图4–3　本地通信模块接口定义俯视图

表4–2　本地通信模块接口定义

序号	信号类别	管脚名称	信号方向	功能描述
1、2	保留	—	—	管脚悬空，无连接
3、4	保留	—	—	
5	空	—	—	空管脚，无焊盘设计，用于增加安全距离，提高绝缘性
6	空	—	—	
7	空	—	—	
8	空	—	—	

续表

序号	信号类别	管脚名称	信号方向	功能描述
9	电源地	GND	电源输入	系统地
10	电源地	GND	电源输入	
11	电源	VCC 12V	电源输入	电源有集中器提供，直流电压范围 12V+/–1V
12	电源	VCC 12V	电源输入	
13	信号	NC	—	备用
14	信号	NC	—	备用
15	信号	DCE–TXD	输出	模块数据发送（3.3V TTL 电平）
16	信号	DCE–RXD	输入	模块数据接收（3.3V TTL 电平）
17	空	—	—	
18	电源	VCC 3.3V	电源输入	3.3V+/–0.3V，电流 150mA, 有终端提供给模块
19	信号	RST	输入	复位输入（低电平有效）
20	信号	STATE0	输出	模块插入识别位，0 标识模块插入
21	网络信号	TD+	网络差分信号	以太网发送
22	网络信号	TD–	网络差分信号	以太网发送
23	网络信号	RD+	网络差分信号	以太网接收
24	网络信号	RD–	网络差分信号	以太网接收
25	电源地	GND	电源地	系统地
26	电源地	GND	电源地	

4.2.2 HPLC 模块

高速电力线载波（HPLC）也称宽带电力线载波，是在低压电力线上进行数据传输的宽带电力线载波技术，目前正大力推广应用。宽带电力线载波通信网络是以电力线作为通信媒介，实现低压电力用户用电信息汇聚、传输、交互的通信网络。宽带电力线载波主要采用正交频分复用（OFDM）技术，频段使用2~12MHz。与传统的低速窄带电力线载波技术相比，HPLC技术具有带宽大、传输速率高优点，可以满足低压电力线载波通信更高的需求。

宽带载波通信单元主要分为单相表及Ⅰ型采集器宽带载波模块、三相表宽带载波模块、宽带载波Ⅱ型采集器、集中器宽带载波模块、宽带载波抄控器等，如图4-4所示。

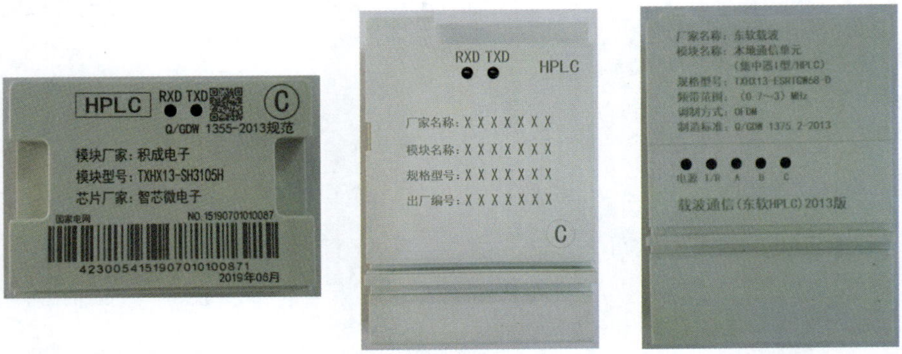

通信单元(单相/HPLC)　　通信单元(三相/HPLC)　　本地通信单元（集中器Ⅰ型/HPLC）

图4-4　宽带载波通信单元

4.3 工作原理

4.3.1 上行通信模块

上行通信模块入网流程如图4-5所示。

图4-5　上行通信模块入网流程

开机初始化流程如图4-6所示，PPP拨号流程如图4-7所示。

（1）串口波特率自适应同步。配置最大连续25s（拉低powerkey开始计时）发送AT同步波特率，每次间隔300ms或1s，如一直同步失败则拉低powerkey关机或者断电重新开机。

（2）检测SIM卡。每隔1s连续3次未返回CPIN READY，则SIM卡识别失败，则

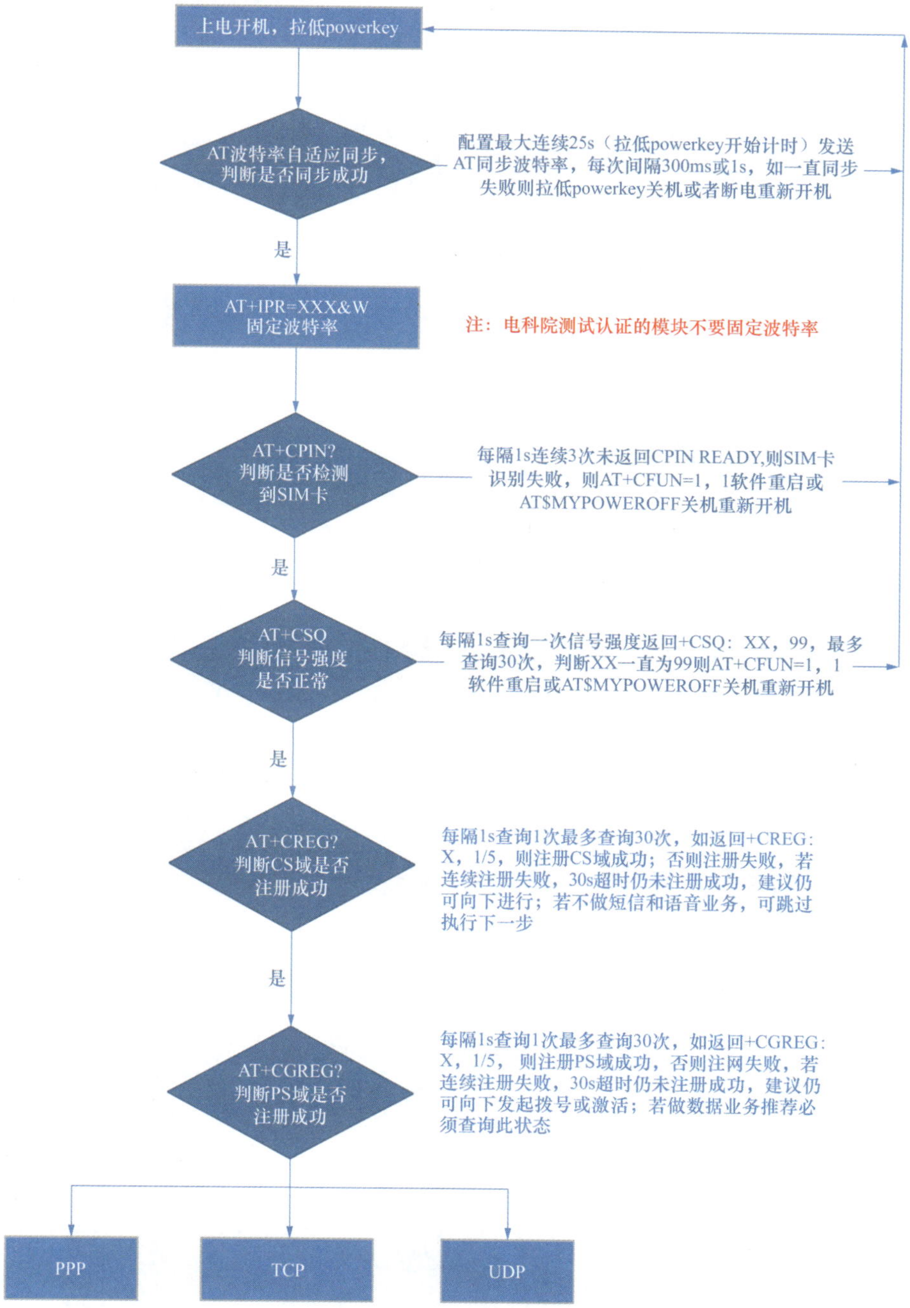

图4-6　远程通信模块初始化流程

AT+CFUN=1,1软件重启或AT$MYPOWEROFF关机重新开机。

（3）检测信号强度。每隔1s查询一次信号强度返回+CSQ: × ×,99，最多查询30次，判断× ×一直为99则AT+CFUN=1,1软件重启或AT$MYPOWEROFF关机重新开机。

（4）检测CS域注册状态。每隔1s查询1次最多查询30次，如返回+CREG:X,1/5，则注册CS域成功；否则注册失败，若连续注册失败，30s超时仍未注册成功，建议仍可向下进行；若不做短信和语音业务，可跳过执行下一步。

（5）检测PS域注册状态。每隔1s查询1次最多查询30次，如返回+CGREG:X,1/5，则注册PS域成功，否则注网失败，若连续注册失败，30s超时仍未注册成功，建议仍可向下发起拨号或激活；若做数据业务推荐必须查询此状态。

4.3.2 下行通信模块

电力线载波通信是以输电线路为载波信号的传输媒介的电力系统通信。随着技术进步和工作频率范围扩宽，载波通信模块也从窄带载波发展到HPLC高速电力线载波，通信速率大大提高，HPLC高速电力线通信工作频率范围包含2.4～5.6MHz、2～12MHz、0.7～3MHz、1.7～3MHz，具有相对较宽的带宽，能够提供数百千比特每秒至几兆比特每秒的数据传输速率，且电力线在高频段的噪声相对较弱，相对于窄带电力线通信，通信可靠性和稳定性显著提高。

用电信息采集系统的宽带载波通信网络一般会形成以中央协调器（central coordinator，CCO）为中心、以代理协调器(proxy coordinator，PCO)（智能电能表/Ⅰ型采集器通信单元、宽带载波Ⅱ型采集器）为中继代理，连接所有站点（station，STA）(智能电能表/Ⅰ型采集器通信单元、宽带载波Ⅱ型采集器)多级关联的树形网络，如图4–7所示。

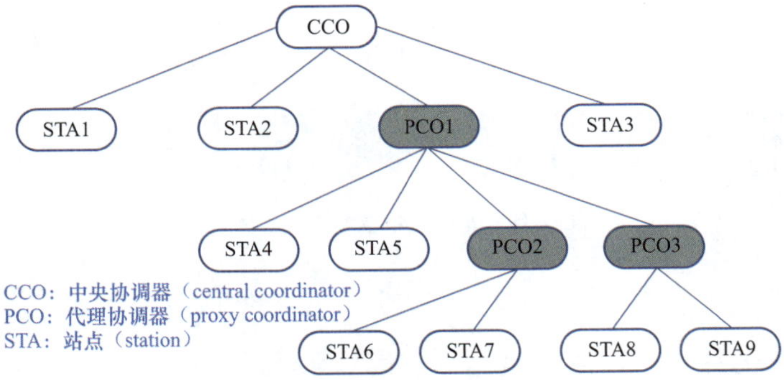

图4–7　宽带载波通信网络示意图

微功率无线通信是通过模块间组建局域网，来实现模块间通信的无线自组网技术。与载波通信相比较，同样具有施工安装便捷的特点，并且不受电网中高强度杂波干扰，也不受电网枝杈结构影响。

4.4 关键业务处理流程

4.4.1 电能表事件主动上报

本地通信模块可以检测电能表是否发生了紧急事件，并将事件上报给采集终端，具体流程见图4-8。

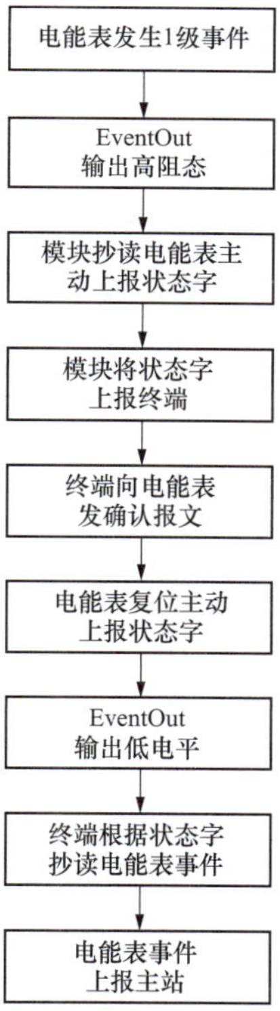

图4-8 电能表主动上报事件流程

本地通信模块检测EventOut管脚，当为输出高阻态时，模块判断为有事件上报，模块会主动抄读电表的事件状态字（主动上报状态字），并将该状态字通过电力线载波上报给采集终端，采集终端将状态字复位，防止重复上报，并将对应事件的具体内容采集完毕后上报采集系统主站。

4.4.2 高频数据采集

高频数据采集是HPLC高速电力线载波所特有的采集业务，因为HPLC的频带宽，抄表速率快，可以实现分钟级别的数据采集。

高频数据采集交互时，集中器连续发送多条读表数据帧给CCO（HPLC主模块、主节点），COO负责与多个STA（HPLC从模块、从节点）实时通信。当收到CCO的否认应答后，暂停发送抄表帧给CCO。当集中器接收到CCO的任意一条抄表应答报文（可能是成功或者失败）时，集中器应再补发一帧报文给CCO，使得并发数保持最大数，直到所有电能表抄读完成为止。抄表完成后，CCO将通过上行帧将抄读结果发送给集中器。

4.4.3 停电主动上报

HPLC模块通过工频过零信号的变化情况，判断工频电源的停电和复电事件。载波从节点将停电事件信息通过广播的方式，将复电事件通过单播的方式，传输到集中器侧的载波主节点中。

载波主节点将停复电事件上报给集中器。

集中器接收HPLC本地网络上报的停复电事件信息，并结合停复电信息，生成相关局部表计停复电信息或台区停复电信息，并将该信息上报到主站。对应上报流程见图4–9。

4.4.4 相位拓扑识别

CCO采集分析从节点相位信息，实现相位拓扑，CCO通过HPLC标准中相关的过零NTB信息采集命令，获取从节点的相关过零NTB信息，和CCO本地的过零NTB信息进行比对，分析识别从节点的相位信息，并判别从节点的零火线接线状态，针对零火线反接情况进行记录，三相从节点可以判断逆相序和断相事件。

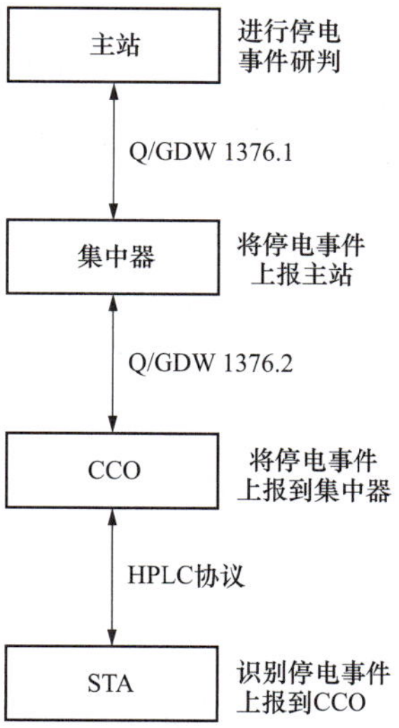

图 4-9　停电主动上报流程

4.4.5　ID 统一标识管理

HPLC 的电能表或采集器从节点载波模块，在关联请求时，将该信息上报 CCO。HPLC 的 CCO 模块将本台区所有节点的 ID 信息收集存储，向集中器提供批量 ID 查询和单一节点 ID 查询服务。集中器向主站提供本台区所有载波节点，包括 CCO、载波表 STA、采集器载波模块的芯片 ID 查询服务。

5 常见设备接入方案

采集故障覆盖通信信道、终端软硬件、通信单元、电能表的各个关键环节，为更好地进行故障分析和处理，本章将当前常用的设备接入方式及各类接入方式涉及的环节等进行总结，列举各环节易出现的故障和问题。按照采集设备与采集系统主站通信方式、采集设备与电能表的通信方式等进行分类，目前常见设备接入共有5类方案。

5.1 “无线+RS-485”方案

“无线+RS-485”方案是指采集终端与采集系统主站采用运营商的GPRS无线通道进行数据交互，采集终端与电能表采用RS-485通信线进行数据交互，如图5-1所示。

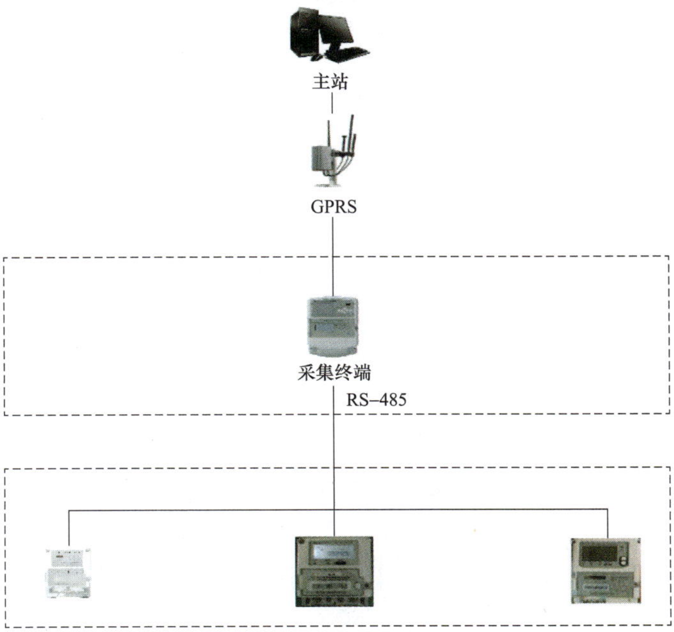

图5-1 “无线+RS-485”方案

（1）该方案的数据采集涉及电能表、RS-485通信线、采集设备、上行通信模块、SIM卡、运营商网络（专线）、采集系统主站等7个环节。

（2）该方案的数据采集流程。采集终端根据既定的策略，定时通过RS-485通信线向电能表发起数据采集指令，电能表收到指令后将相关数据通过RS-485通信线传送给采集终端；采集系统主站根据采集的用户类型、采集设备类型等自动生成数据采集任务，并定时通过运营商网络向采集终端发起数据采集任务，采集终端收到采集任务后将相关数据传递给采集系统主站。

5.2 “无线＋窄带载波”方案

“无线＋窄带载波”方案是指采集终端与采集系统主站采用运营商的GPRS无线通道进行数据交互，采集终端与电能表通过电力线及窄带载波模块进行数据交互，如图5-2所示。

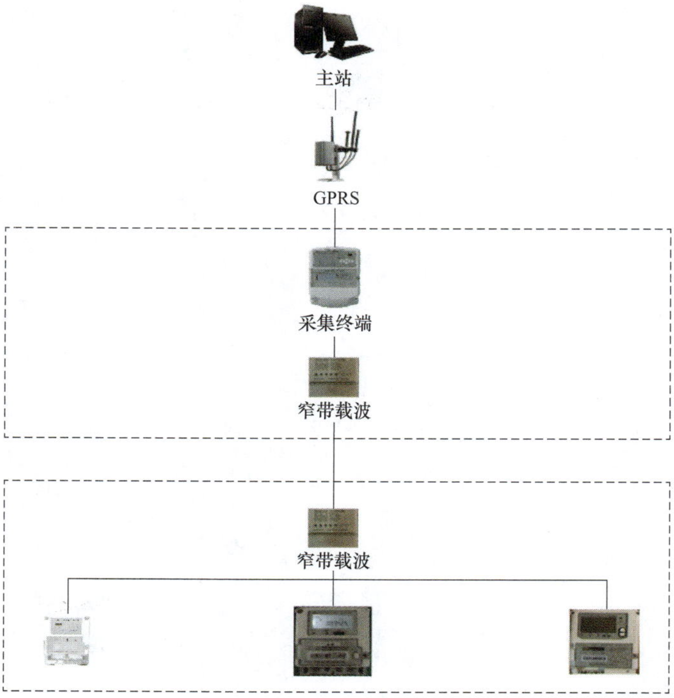

图5-2 “无线＋窄带载波”方案

（1）该方案的数据采集涉及电能表、下行通信模块（窄带载波）、电力线、采集设备、上行通信模块、SIM卡、运营商网络（专线）、采集系统主站等8个环节。

（2）该方案的数据采集流程。采集终端根据既定的策略，定时通过下行通信模块及电力线向电能表发起数据采集指令，电能表收到指令后将相关数据通过下行通信模块及电力线传送给采集终端；采集系统主站根据采集的用户类型、采集设备类型等自动生成数据采集任务，并定时通过运营商网络向采集终端发起数据采集任务，采集终端收到采集任务后将相关数据传递给采集系统主站。

5.3 “无线＋宽带载波”方案

“无线＋宽带载波”方案是指采集终端与采集系统主站采用运营商的GPRS无线通道进行数据交互，采集终端与电能表通过电力线及宽带载波模块进行数据交互，如图5-3所示。

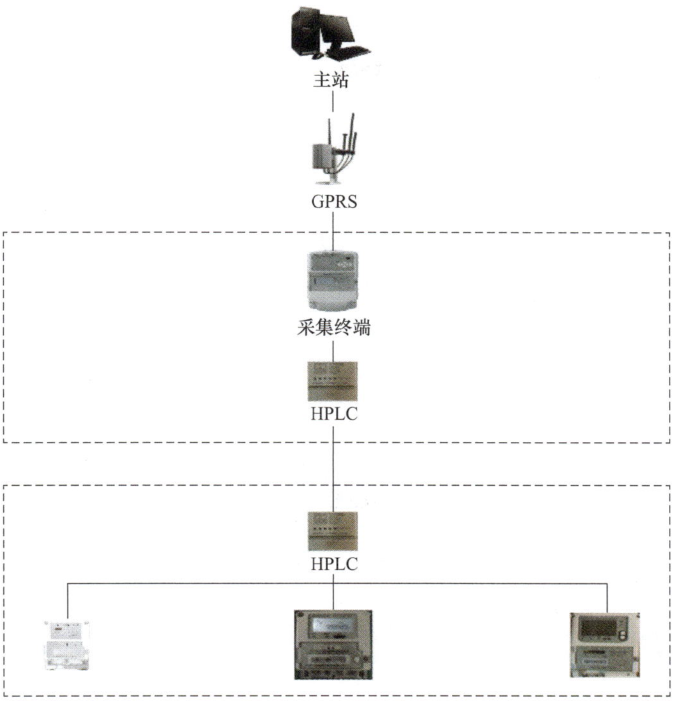

图5-3 “无线＋宽带载波”方案

（1）该方案的数据采集涉及电能表、下行通信模块（宽带载波）、电力线、采集设备、上行通信模块、SIM卡、运营商网络（专线）、采集系统主站等8个环节。

（2）该方案的数据采集流程。采集终端根据既定的策略，定时通过下行通信模块及电力线向电能表发起数据采集指令，电能表收到指令后将相关数据通过下行通信模块及电力线传送给采集终端；采集系统主站根据采集的用户类型、采集设备类型等自动生成数据采集任务，并定时通过运营商网络向采集终端发起数据采集任务，采集终端收到采集任务后将相关数据传递给采集系统主站。

5.4 “综合数据网+RS-485”方案

“综合数据网+RS-485”方案是指采集终端与采集系统主站采用电力公司专用的网络通道进行数据交互，采集终端与电能表通过RS-485通信线进行数据交互，如图5-4所示。

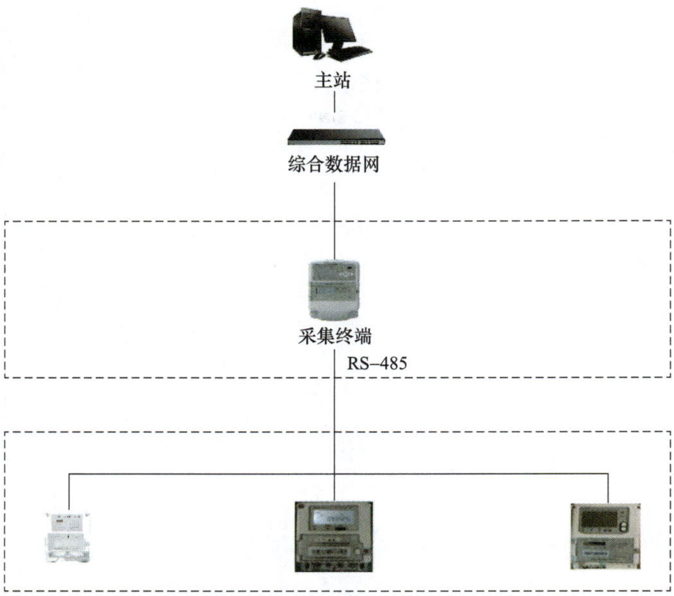

图5-4 “综合数据网+RS-485”方案

（1）该方案的数据采集涉及电能表、RS-485通信线、采集设备、综合数据网、采集系统主站等5个环节。

（2）该方案的数据采集流程。采集终端根据既定的策略，定时通过RS-485通信线向电能表发起数据采集指令，电能表收到指令后将相关数据通过RS–485通信线传送给采集终端；采集系统主站根据采集的用户类型、采集设备类型等自动生成数据采集任务，并定时通过综合数据网向采集终端发起数据采集任务，采集终端收到采集任务后将相关数据传递给采集系统主站。

5.5 “北斗 +RS–485”方案

“北斗 +RS–485”方案是指采集终端与北斗采集主站进行数据交互，北斗采集主站与采集系统主站采用网络通道进行数据交互，采集终端与电能表通过RS–485通信线进行数据交互，如图5–5所示。

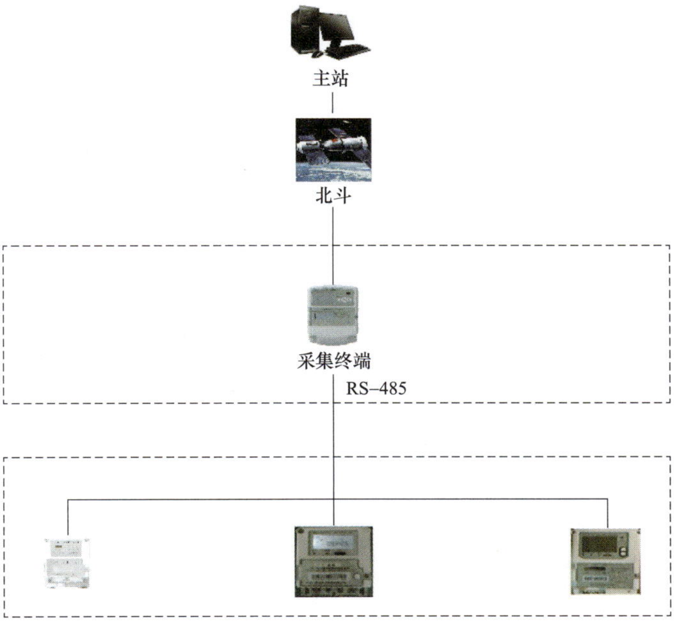

图5–5 “北斗+RS–485”方案

（1）该方案的数据采集涉及电能表、RS–485通信线、采集设备、北斗网络、北斗采集主站、采集系统主站等6个环节。

（2）该方案的数据采集流程：采集终端根据既定的策略，定时通过RS–485通信线向电能表发起数据采集指令，电能表收到指令后将相关数据通过RS–485通信线传送给采集终端；北斗采集主站根据既定业务规则定时通过北斗网络向采集终端发起采集任务，采集终端收到采集任务后将相关数据传递给北斗采集主站；采集系统主站根据采集的用户类型、采集设备类型等自动生成数据采集任务，并定时通过网络向北斗采集主站（模拟终端）发起数据采集任务，北斗采集主站收到采集任务后将相关数据传递给采集系统主站。

6 常见典型故障问题

将收集到的用电信息采集常见故障整理归纳为4类常见典型故障问题，分别为终端离线、数据采集失败、采集数据不稳定及数据采集错误，这4类常见故障全面覆盖采集系统通信信道、终端软硬件、通信单元、电能表的各个关键环节。

6.1 故障诊断处理的原则

6.1.1 主站分析优先

诊断分析采集故障时，应坚持主站分析优先的原则。即对每一个故障，应先从主站判断终端（集中器）相关通信、终端、测量点及其他相关参数设置是否正确，从终端参数与主站参数是否一致、历史数据采集情况等方面进行分析，确实无法从主站排查出问题原因的现场排查。

6.1.2 终端（集中器）分析优先

诊断分析采集故障时，应坚持优先分析终端（集中器）的原则。即对每一个故障，应优先分析终端中可能存在的问题，排查确认后，再根据情况对载波智能表或采集器及RS-485智能表进行排查分析。

6.1.3 上行通信分析优先

诊断分析采集故障时，应坚持优先分析上行通信的原则。即对每一个故障，应优先分析“主站－集中器”或“主站－专变终端”之间的通信是否正常，排查确认后，再根据情况分析集中器－载波智能表、集中器－采集器－RS-485智能表或者专变终端－RS-485智能表之间的故障。

6.2 终端离线

6.2.1 现象

终端离线是指终端无法正常登录采集系统主站的现象。

6.2.2 常见原因

造成终端离线的常见原因有以下4类：

（1）终端安装区域停电或终端掉电。

（2）运营商网络或光纤网络故障，通信卡损坏、丢失、欠费、参数设置错误，信号强度较弱，远程通信模块天线丢失等原因造成的远程通信信道故障，影响终端正常登录主站系统。

（3）由于远程通信模块故障、采集终端故障等原因致使终端无法正常登录主站系统。

（4）终端设置的主站参数与主站系统的终端档案参数不一致，造成终端无法正常登录主站系统。

6.2.3 解决方案

终端离线故障分析与处理流程见图6–1。

（1）主站侧分析终端离线的方法、处置步骤如下：

1）判断是否因停电引起终端离线。

故障分析：通过主站查询终端主动上报的停电事件，结合计划停电信息，判断离线的终端是否在停电的区域。

故障处理：若因停电引起终端离线，则需待供电恢复后跟踪终端在线情况。

2）检查离线终端所属网络是否正常运行。

故障分析：若离线终端的远程通信方式为无线公网通信，则联系相应运营商，核

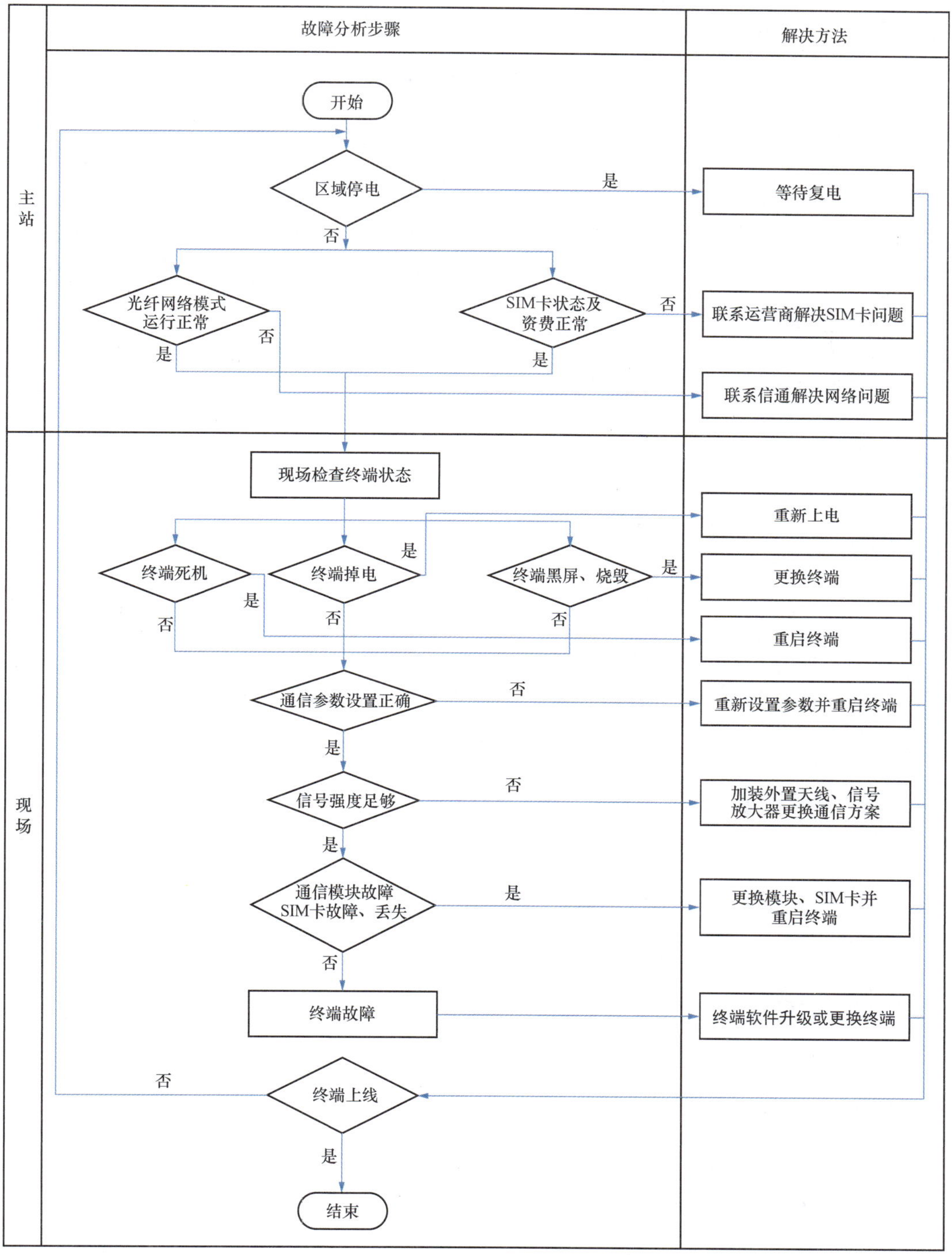

图6-1 终端离线故障分析与处理流程图

实离线终端通信卡资费、通信卡参数设置及网络运行情况是否正常；若离线终端的远程通信方式为有线通信，则联系信通公司核实专网网络运行情况。

故障处理：若终端的远程通信方式为无线公网通信，则联系相应运营商进行处理；若终端的远程通信方式为有线通信，则联系信通公司进行处理。

3）判断终端获取的信号强度是否足够。

故障分析：通过主站终端在线监控面板，观察终端运行状态是否正常，终端与主站通信成功次数是否足够，或结合附近终端的通信失败次数统一分析。

故障处理：若主站通信失败次数较多，则可考虑更换无线通信方案。若更换其他运营商通信模块后，信号强度仍不足，则需通过加装天线、信号放大器等方式，增强信号强度，或联系运营商寻求进一步解决。

（2）在现场分析终端离线的方法、处置步骤如下：

1）判断终端的工作状态是否正常。

故障分析：检查终端外观是否出现黑屏、烧毁等现象；检查终端电源是否接入；检查终端是否死机或拨号异常。

故障处理：若终端外观出现黑屏、烧毁等现象，则更换终端；若终端电源无接入，需接入电源；若终端死机或拨号异常，则将终端重启上线。

2）判断终端通信参数是否正确。

故障分析：通过终端面板按键或掌机检查终端通信参数是否正确，如主站IP、端口号、APN、用户名、密码、终端地址等参数。

故障处理：经检查发现参数设置不正确，需正确设置参数。

3）判断终端获取的信号强度是否足够。

故障分析：通过终端面板观察信号强度是否足够，或通过测试设备测试现场无线信号覆盖情况。

故障处理：若现场无线信号覆盖较差，则可考虑更换无线通信方案。若更换其他运营商通信模块后，信号强度仍不足，则需通过加装天线、信号放大器等方式，增强信号强度，或联系运营商寻求进一步解决。

4）检查无线通信模块及通信卡安装情况。

故障分析：检查无线通信模块指示灯是否工作正常，检查无线模块针脚是否弯曲。检查通信卡是否丢失、接触不良或损坏。

故障处理：若模块指示灯工作不正常，重新安装或更换模块；若模块针脚发生弯曲，直接更换模块；若通信卡丢失、损坏或接触不良，重新安装或更换通信卡。

5）检查采集终端是否发生故障。

故障分析：升级采集终端软件，判断是否正常登录主站。检查采集终端远程通信模块接口输出的电压值应为3.8~4.2V。

故障处理：若采集终端远程通信模块接口输出电压值不在3.8~4.2V范围内，更换采集终端。

6.3 数据采集失败

6.3.1 现象

数据采集失败是指采集系统主站无法成功获取采集终端或电能表的数据信息的现象。

6.3.2 常见原因

造成数据采集失败的常见原因有以下5种：

（1）主站、采集终端的参数或任务设置错误。

（2）通信模块故障、时钟故障、通信协议不兼容、传输距离过远等。

（3）采集终端、电能表 RS-485端口损坏、不同厂家载波芯片或采集设备不兼容等。

（4）采集终端软件通信协议不兼容、自身程序缺陷等。

（5）现场表计掉电，RS-485线接线错误或未接，电源线、通信模块等接触不良。

（6）现场存在干扰源干扰载波抄表信号，表计出线后端设备干扰抄表。

6.3.3 解决方案

在发生数据采集失败的故障时，首先透抄电能表实时数据，包括电能表示值、电能示值权限等数据，然后根据电能表数据透抄情况将故障分为两类：一是数据采集失败，但透抄电能表实时数据成功；二是数据采集失败，且透抄电能表实时数据失败。

数据采集失败故障（终端在线）分析与处理流程如图6-2所示。

（1）对于“数据采集失败，但透抄电能表实时数据成功”的故障，按照以下步骤进行故障分析及处理：

1）主站侧检查终端任务是否正确下发。

故障分析：698通信协议的终端，检查终端任务是否正确下发，低压采集点通常配置电能表日冻结任务，公用变压器、专用变压器采集点还应配置电压、电流、功率曲线等任务；其他通信协议的终端，检查主站侧的任务是否配置正确。

故障处理：终端任务设置错误或未下发，则正确设置并重新下发。

2）主站侧检查终端、电能表时钟是否正确。

故障分析：终端、电能表时钟与主站时钟偏差会造成日冻结数据采集失败，通过主站召测终端、电能表时钟、表内时钟电池电压，核对时钟是否正确。

故障处理：通过主站对时钟偏差在5min内的电能表进行远程校时，对时钟偏差超过5min的电能表可进行现场校时。若校时仍不成功，则更换电能表，终端时钟偏差可通过主站远程校时。

3）现场检查终端是否故障。

故障分析：检查终端所接入的其他电能表数据是否采集成功，若成功则表明终端正常，反之，则通过升级、更换终端后观察故障是否消除。若故障消除，则表明终端发生故障。

故障处理：若终端故障，则升级或更换终端。

4）现场检查电能表是否无法冻结数据。

故障分析：通过掌机确认电能表冻结数据是否正常。

故障处理：更换电能表。

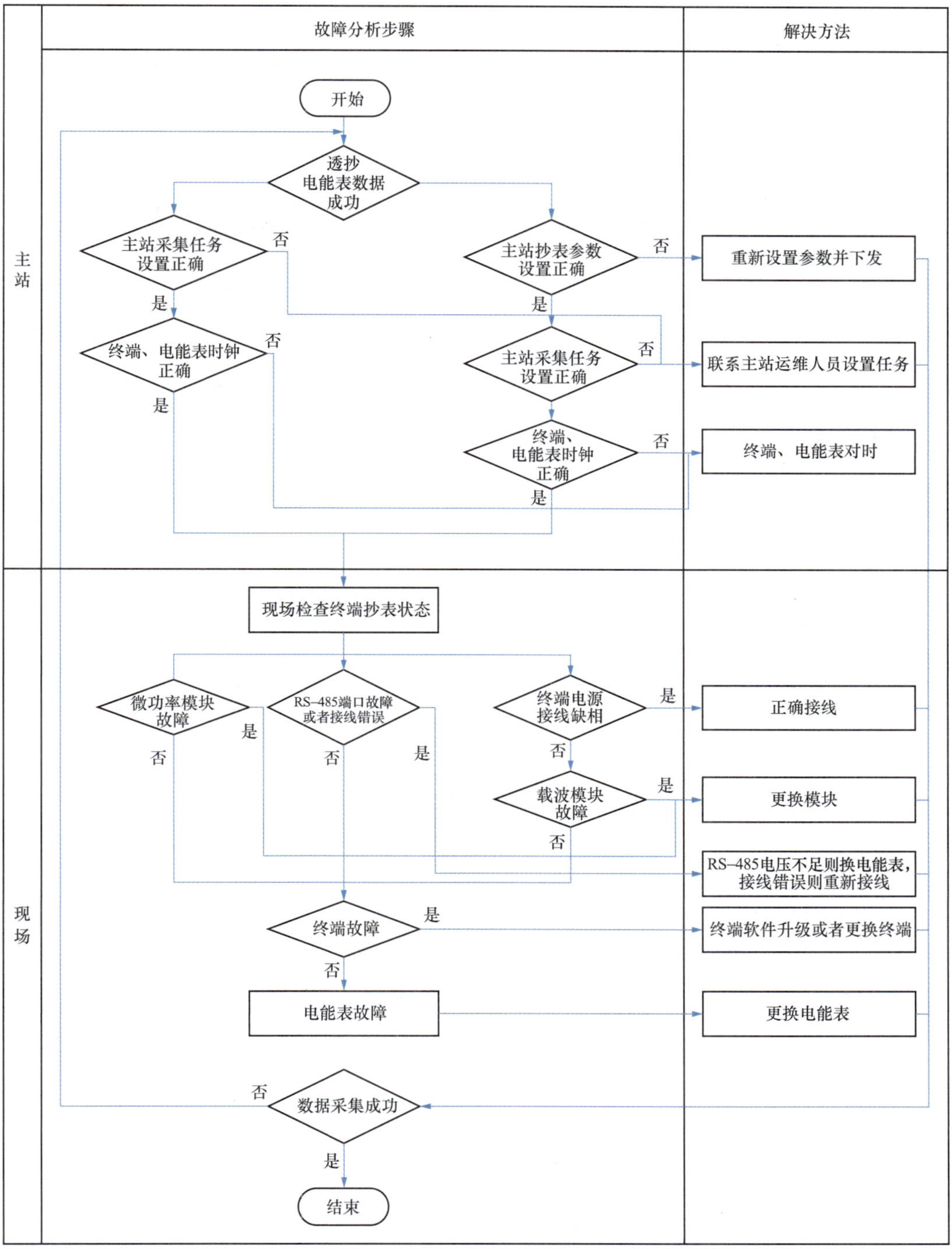

图6-2　数据采集失败故障（终端在线）分析与处理流程图

（2）对于“数据采集失败，且透抄电能表实时数据失败”的故障，按照以下步骤进行故障分析及处理：

1）主站侧检查终端参数是否正确设置并下发。

故障分析：检查终端参数是否正确设置，包括表地址、波特率、通信规约、通信端口号、序号、用户大/小类号等。

故障处理：若参数设置错误或未下发，则正确设置并重新下发。

2）主站侧检查终端是否内存溢出，垃圾数据、异常数据是否过多。

故障分析：检查终端是否存在垃圾档案，终端集中抄表总数是否超过实际数量；部分版本终端内存在表计的老旧参数，如不清理垃圾数据表计将无法下发抄表。

故障处理：清理终端内存，主站下发命令清空终端垃圾数据，设置正确表计参数并重新下发。

3）主站侧检查终端任务是否正确下发。

故障分析：698通信协议的终端，检查终端任务是否正确下发，低压采集点通常配置电能表日冻结任务，公用变压器、专用变压器采集点还应配置电压、电流、功率曲线等任务；其他通信协议的终端，检查主站侧的任务是否配置正确。

故障处理：任务设置错误或未下发，则正确设置并重新下发。

4）主站侧检查终端、电能表时钟是否正确。

故障分析：终端、电能表时钟与主站时钟偏差会造成日冻结数据采集失败，通过主站召测终端、电能表时钟，核对时钟是否正确。

故障处理：通过主站对时钟偏差在5min内的电能表进行远程校时，对时钟偏差超过5min的电能表可进行现场校时。若校时仍不成功，则更换电能表，终端时钟偏差可通过主站远程校时。

本地通信采用“载波”方式的按照步骤5）~9）进行故障排查：

5）现场检查终端电源线是否缺相。

故障分析：现场检查终端电源线是否缺相或虚接。

故障处理：若终端电源线存在缺相或虚接，则正确连接电源线。

6）现场检查终端载波模块是否故障。

故障分析：检查终端所接入的其他电能表数据是否采集成功，若成功则排除载波模块故障。若采集失败，则更换终端模块观察故障是否排除。

故障处理：若终端载波模块故障，则更换载波模块。

7）现场检查终端是否故障。

故障分析：检查终端所接入的其他电能表数据是否采集成功，若成功则表明终端正常，反之，则通过升级、更换终端后观察故障是否消除。若故障消除，则表明终端发生故障。

故障处理：若终端故障，则升级或更换终端。

8）现场检查电能表是否故障。

故障分析：检查采集终端下接的其他电能表的采集数据是否正常，若其他电能表采集数据正常，则判断为电能表故障。

故障处理：若电能表故障，则更换电能表。

9）现场检查是否存在干扰源干扰抄表。

故障分析：现场情况均正常表计还是无法正常抄表，排查是一条支线不抄表还是单个表计不抄表，表计可通过关闭出线空气开关后，再抄表来判断是否是出线后存在设备干扰抄表（如路由器、监控设备等）。

故障处理：排查清除干扰源，更换终端抄表方式，更新表计抄表方案。

本地通信采用“RS-485”方式的按照步骤10）~12）进行故障排查：

10）现场检查RS-485接线是否正常。

故障分析：现场检查 RS-485 接线是否正常（未接、错接、损坏等），通过万用表检测通信线是否损坏，检测 A、B 通信线是否短路、虚接等问题。

故障处理：若接线错误，则更正接线。通信线损坏，更换通信线。

11）现场检查终端和电能表RS-485端口是否损坏。

故障分析：断开通信线，分别测量终端和电能表的RS-485端口 A、B 间电压是否在正常范围，超出范围则说明该端口可能存在故障。

故障处理：若 RS-485 端口故障，更换终端或电能表。

12）现场检查终端、电能表是否故障。

故障分析及故障处理措施参见步骤7）和8）。

6.4 采集数据不稳定

6.4.1 现象

采集数据不稳定是指采集数据不完整、不连续，采集成功率波动较大的现象。

6.4.2 常见原因

造成数据采集时有时无的常见原因有：

（1）采集终端软件版本存在缺陷。

（2）采集终端天线安装位置处无线信号强度较弱，无法与基站正常通信。

（3）由于台区供电半径过大，导致电能表与集中器通信距离过远，载波或微功率信号衰减严重。

（4）采集终端、电能表故障。

（5）表计台区挂接档案设置错误，错误台区与表计所在台区距离过近，终端跨台区抄表，抄表信号不稳定。

6.4.3 解决方案

数据采集不稳定故障（终端在线）分析与处理流程如图6–3所示。

（1）主站侧分析采集数据时有时无的方法、处理步骤如下：

1）主站侧检查终端软件是否存在缺陷。

故障分析：召测终端软件版本号，验证软件版本是否正确。

故障处理：若终端软件存在缺陷，升级终端软件。

2）主站侧检查表计是否存在挂接错误。

故障分析：查看表计采回数据时间是否滞后，召测表计停送电时间是否与该台区其余表计一致。

故障处理：结合现场人员反馈，调整表计档案至正确台区。

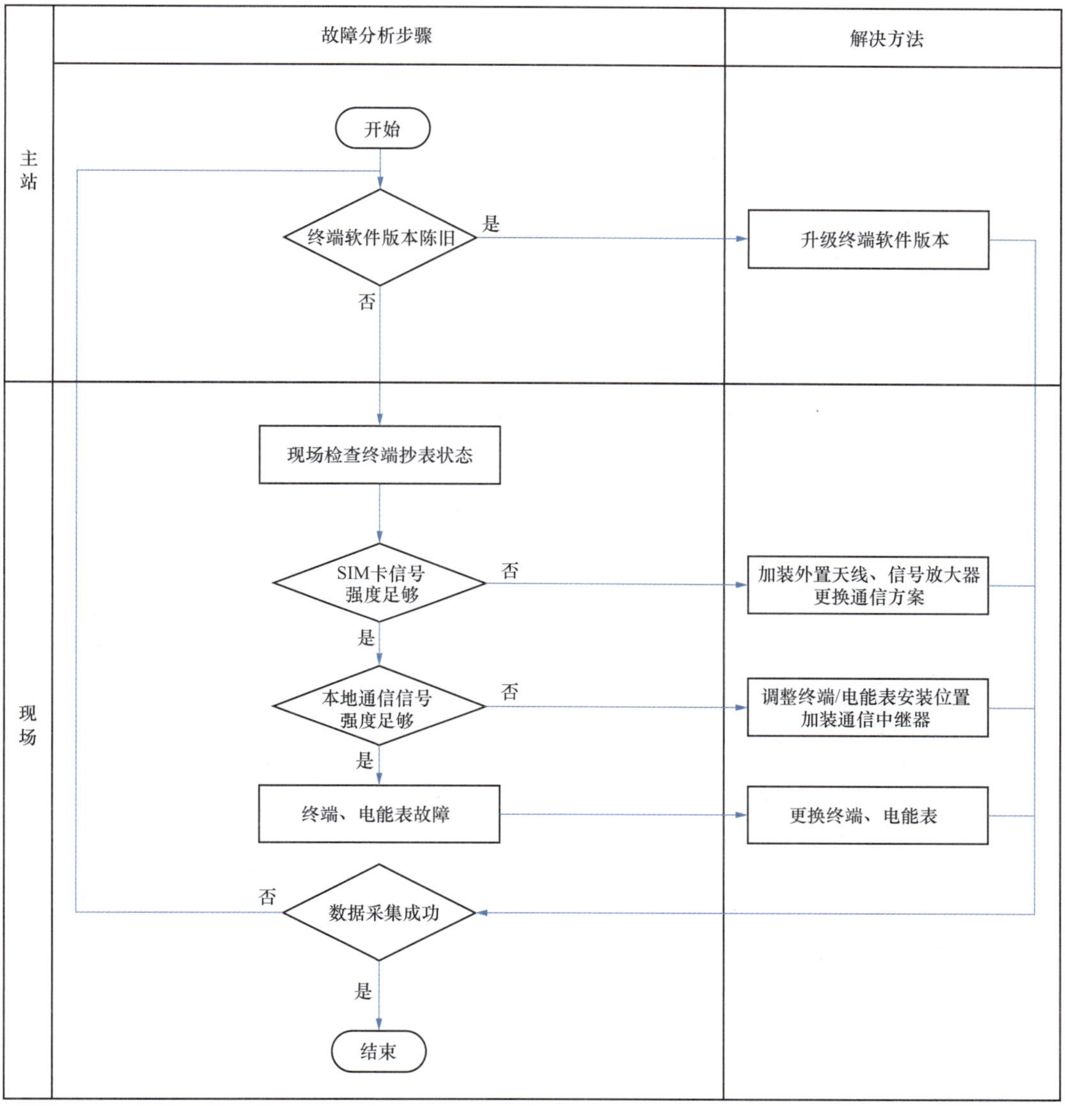

图6-3　数据采集不稳定故障（终端在线）分析与处理流程图

（2）在现场分析采集数据时有时无的方法、处置步骤如下：

1）核查远程通信信号强度是否符合要求。

故障分析：观察终端液晶屏显示的信号强度，检查信号强度是否符合要求、天线是否正常。

故障处理：信号强度弱或不稳定，可加装外延天线或信号放大器。若仍无法解决，需联系运营商处理。

2）检查本地通信信号强度是否符合要求。

故障分析：现场检查供电半径是否过长，通过掌机观察在网成功率是否满足要求。

故障处理：调整终端或电能表安装位置，加装通信中继装置。

3）现场检查终端是否故障。

故障分析：检查采集终端所接入的其他电能表数据是否采集正常，若正常则表明终端正常，反之，则通过升级、更换终端后观察故障是否消除。若故障消除，则表明终端发生故障。

故障处理：若采集终端故障，则升级或更换终端。

4）现场检查电能表是否故障。

故障分析：检查采集终端下接的其他电能表的采集数据是否正常，若其他电能表采集数据正常，则判断为电能表故障。

故障处理：若电能表故障，则更换电能表。

6.5 数据采集错误

6.5.1 现象

数据采集错误是指采集数据与实际数据不一致的现象。

6.5.2 常见原因

（1）主站、采集终端参数设置错误。

（2）采集终端、电能表时钟错误。

（3）采集终端、电能表故障。

（4）主站档案与现场实际情况不一致。

6.5.3 解决方案

数据采集错误故障（终端在线）分析与处理流程如图6–4所示。

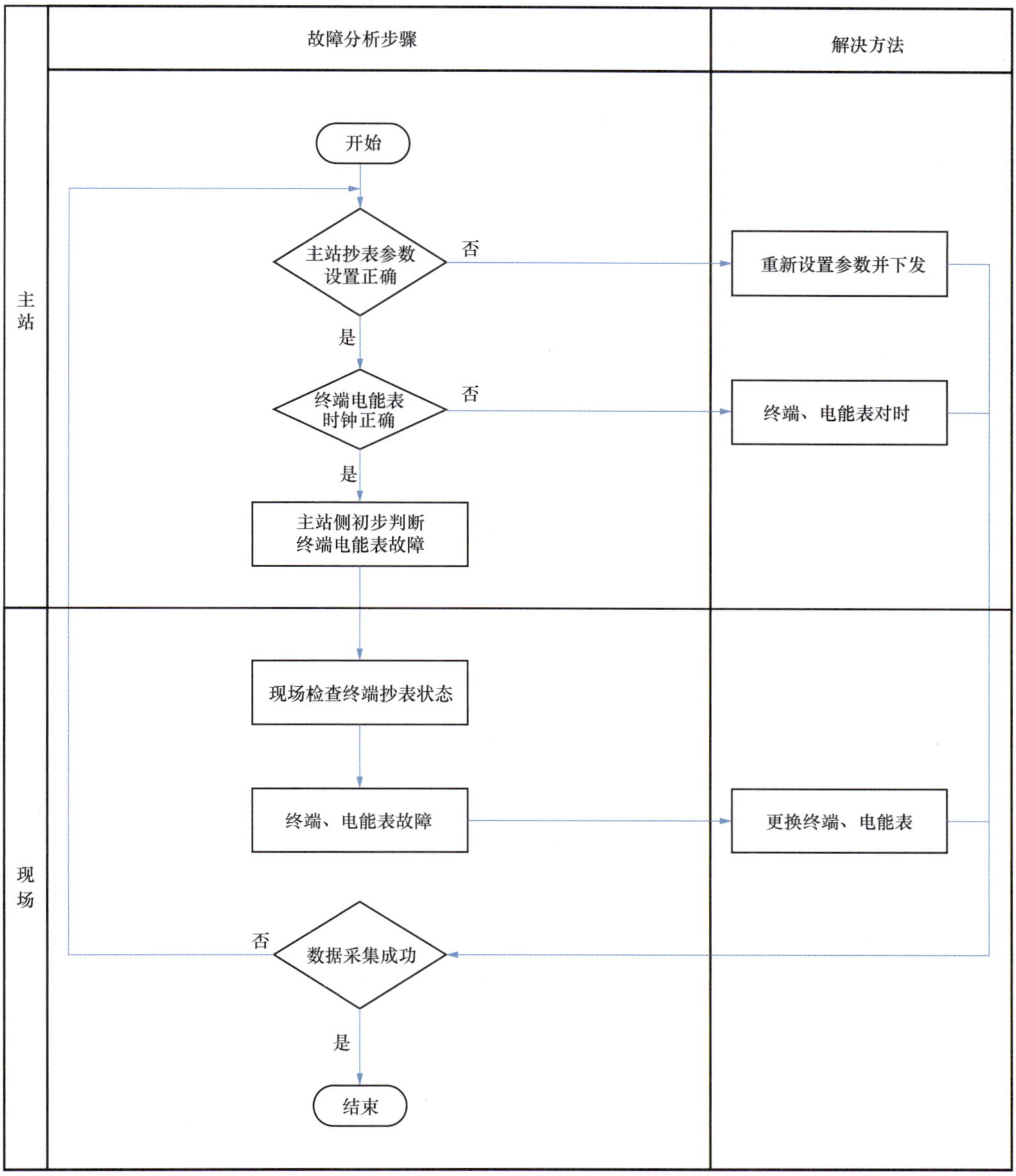

图6–4　数据采集错误故障（终端在线）分析与处理流程图

（1）主站侧检查参数设置是否正确。

故障分析：检查主站与现场电能表测量点档案是否一致，终端参数是否正确设置，包括表地址、波特率、通信规约、通信端口号、序号、用户大/小类号，有功电能示值小数位数等。

故障处理：若主站与现场电能表测量点档案不一致或参数设置错误，则正确设置终端参数并重新下发。

（2）主站侧检查采集终端、电能表时钟是否正确。

故障分析：终端、电能表时钟与主站时钟偏差会造成日冻结数据采集错误。通过主站召测采集终端、电能表时钟，核对时钟是否正确。

故障处理：通过主站对时钟偏差在 5min 内的电能表进行远程校时，对时钟偏差超过 5min 的电能表进行现场校时。若校时仍不成功，更换电能表。采集终端时钟偏差可以通过主站远程校时，若校时不成功，更换采集终端。

（3）主站侧检查采集终端是否故障。

故障分析：数据采集失败的原因可能为终端内存溢出，比较主站透抄电能表数据和采集终端日冻结数据，若差异较大，则初步判断为采集终端故障。

故障处理：若采集终端故障，需升级终端软件，若升级不成功，派发现场检查。

（4）主站侧检查电能表是否故障。

故障分析：数据采集失败可能为电能表内存溢出，主站侧透抄电能表电流，并查看用户每日用电情况，若用户有电流无电量，则初步判断为电能表故障。

故障处理：若为电能表故障，则更换电能表。

（5）现场检查终端是否故障。

故障分析：检查采集终端所接入的其他电能表数据是否采集正确，若正确则表明终端正常，反之，则通过升级、更换终端后观察故障是否消除。若故障消除，则表明终端发生故障。

故障处理：若采集终端故障，则升级或更换终端。

（6）现场检查电能表运行是否正常。

故障分析：现场检查电能表硬件是否正常，表计是否烧坏黑屏，表计接线是否错误或松动，表计是否出现示数飞走停走，或出线断电后仍走字等问题。

故障处理：若电能表故障，则更换电能表。

7 采集系统常见问题

采集系统由各类服务器、网络设备以及运行在服务器上的采集系统软件等构成，是对电力用户的用电信息进行采集、处理和实时监控的系统。具备用电信息的自动采集、计量异常监测、用电分析和管理、用电信息发布、采集设备及计量设备信息交互等功能。采集系统主站出现故障时，将出现用户数据无法采集、采集指标无法查看等众多问题。

7.1 用户数据未纳入线损计算

用户数据未纳入线损计算是指用户电能表的电能示值等数据全部采集成功，但是未计算用户电量或者电量未在线损中体现。

7.1.1 现象

（1）查看台区线损明细时，用户电能表的数量与终端调试中的用户电能表数量不一致。

（2）查看台区线损明细时，用户电能表的起表码、止表码均有数据，但是电量为空。

（3）查看台区线损明细时，用户电能表的起表码、止表码均有数据，但是界面显示的电量与实际不一致。

7.1.2 常见原因

1. 用户电表数量不一致

（1）存在不符合台区线损计算条件的电能表。台区线损计算时限定了用户必须是非分表、非辅表、非专用变压器用户表等条件，终端调试中是展示的终端下挂接的所有电能表。

【案例7–1】10kV××线××村1社公用变压器，台区线损供出明细显示95只表，如图7–1所示。

图7–1　线损明细—电能表数量

对应采集终端内显示97只表，即相差1只，如图7–2所示。

图7–2　现场调试电能表数量

通过比对发现，某居民用户未加入台区线损计算，测量点编辑页面显示该用户表计总分标志为分表，如图7-3所示。

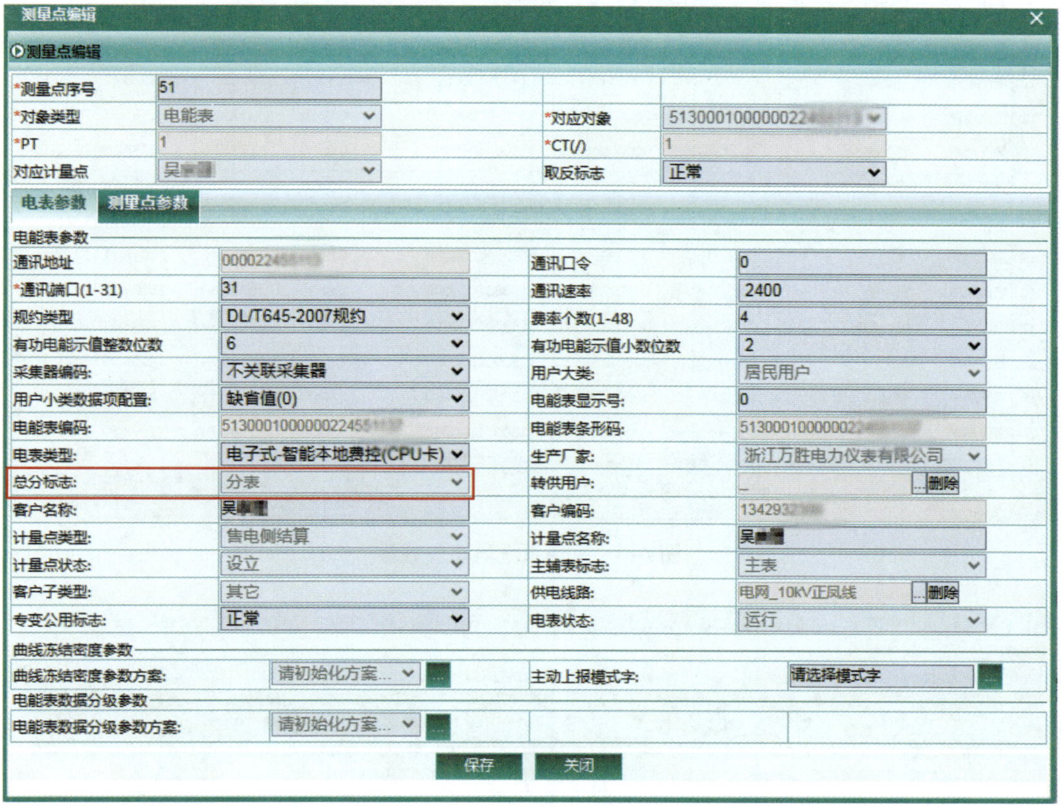

图7-3 采集系统电能表标志

（2）系统档案逻辑存在问题，台区线损的逻辑是台区、计量点、用户、电能表的对应关系；终端调试的逻辑是终端、计量点、用户、电能表的对应关系。当两个逻辑关系存在问题或者垃圾档案时，易出现用户电能表数量不一致。

【案例7-2】××宾馆箱式变压器，台区线损供出中显示380只表，如图7-4所示。

对应终端内显示382只表，经排查发现，136号测量点存在重复，均为“博物馆（书店）”，显示不同表号，如图7-5所示。

在营销系统中查询该用户对应表计表号为“000043012886”，而“000023490140”为该用户更换的旧表，如图7-6所示。

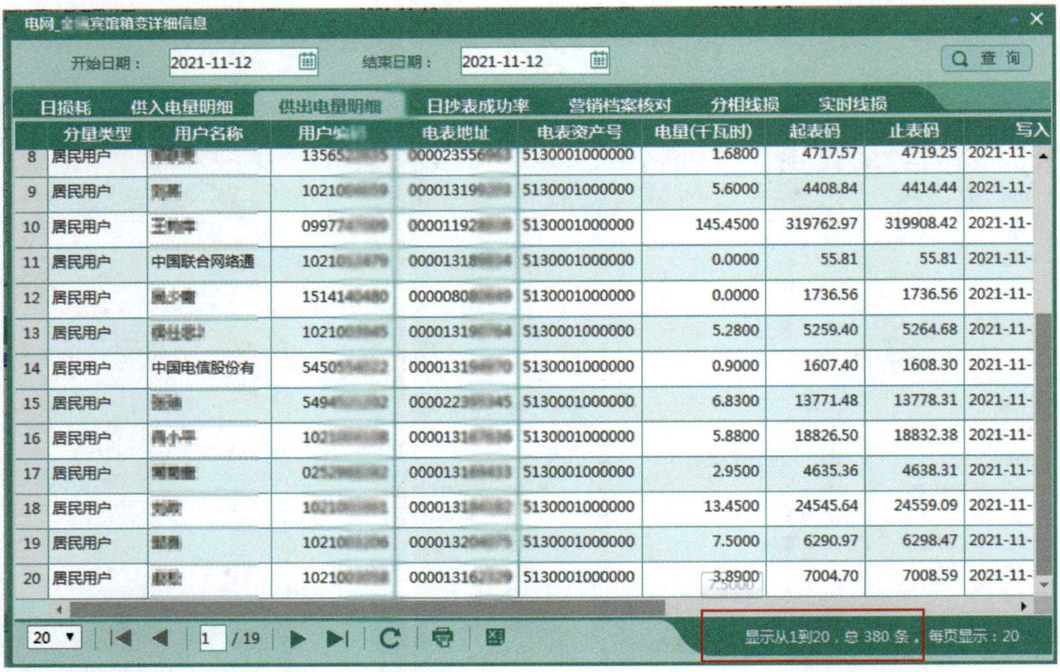

图 7–4　采集系统电能表数量

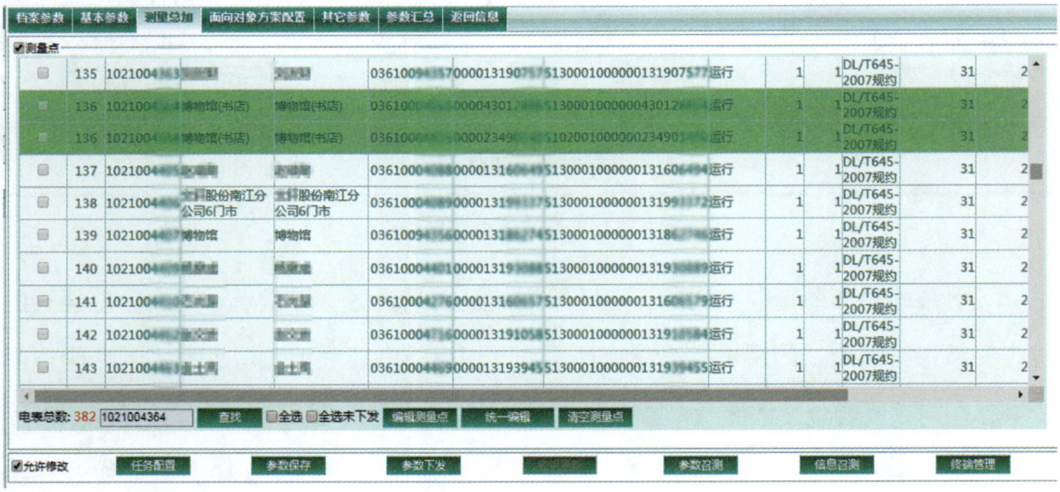

图 7–5　采集系统电能表档案

（3）一台区多终端，一个台区安装多个终端时，台区的电能表数与多个终端下的电能表总数一致。

2. 电量为空

（1）起表码、止表码的采集入库时间错过了线损计算的时间。

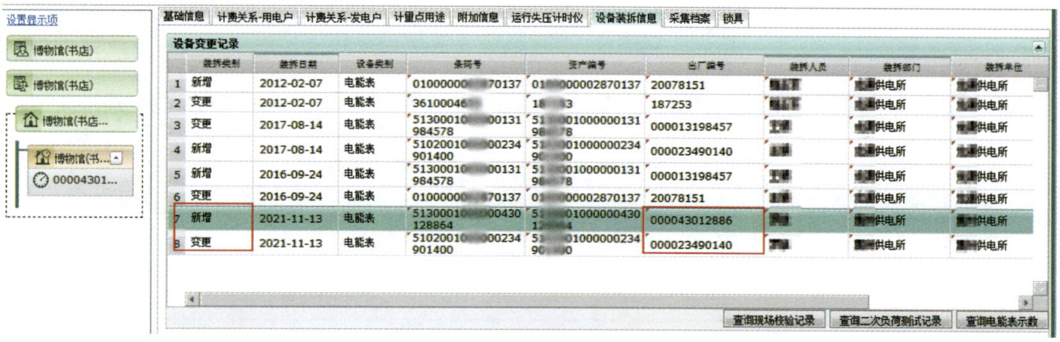

图7-6　营销系统档案

【案例7-3】××村公用变压器，4月4日台区高损，排查发现中国移动4月4日冻结示数抄表时间为4月5日9：11，错过第一轮线损计算时间，如图7-7所示。

图7-7　电能表数据采集时间异常

（2）起表码、止表码的数据存在倒走等异常。

【案例7-4】电网_10kV××线××村二社公用变压器，某居民用户2021年11月11日及12日示数倒走，台区线损供出明细中可以看到电量为空，如图7-8所示。

	用户名称	用户编码	电表地址	电表资产号	电量(千瓦时)	起表码	止表码	写入时间
1	[redacted]	1021009[redacted]	00000809730[redacted]	5130001000000	0.0000	0.29	0.29	2021-11-12 01:09:21
2	[redacted]	1021009[redacted]	00000809730[redacted]	5130001000000	0.0000	85.06	85.06	2021-11-12 01:09:0
3	[redacted]	1021009[redacted]	00000810184[redacted]	5130001000000		3770.65	3625.10	2021-11-12 01:09:11
4	[redacted]	102100[redacted]	0000080[redacted]	5130001000000	0.0000	726.74	726.74	2021-11-12 01:09:0
5	[redacted]	1021009[redacted]	0000080[redacted]	5130001000000	0.0000	0.00	0.00	2021-11-12 01:09:1
6	[redacted]	1021009[redacted]	0000080[redacted]	5130001000000	1.4300	4838.15	4839.58	2021-11-12 01:09:1
7	[redacted]	102101[redacted]	00000811[redacted]	5130001000000	0.9300	913.78	914.71	2021-11-12 01:09:1
8	[redacted]	102101[redacted]	0000081[redacted]	5130001000000	0.0000	214.68	214.68	2021-11-12 01:09:0
9	[redacted]	1021009[redacted]	0000080[redacted]	5130001000000	1.6100	2006.62	2008.23	2021-11-12 01:09:1
10	[redacted]	1105202[redacted]	00003782[redacted]	5130001000000	0.0000	0.00	0.00	2021-11-12 01:09:11
11	[redacted]	1021010[redacted]	00000809[redacted]	5130001000000	8.0400	10313.55	10321.59	2021-11-12 01:09:21
12	[redacted]	1021009[redacted]	00000808[redacted]	5130001000000	0.3500	1024.85	1025.20	2021-11-12 01:09:1
13	[redacted]	102101[redacted]	00000806[redacted]	5130001000000	0.0000	0.38	0.38	2021-11-12 01:09:0

图7–8 电能表数据采集失败

（3）线损计算时，采集系统主站出现异常。

3. 电量不一致

（1）在系统计算完电量后，人工采用随机采集或者穿透抄表方式将起表码、止表码进行了更新。

【案例7–5】电网_10kV××线××村7社1号台式变压器，台区线损供出明细显示某居民用户2021年2月5日电量为5.29kWh，但起止表码相减为14.36 kWh，可以看到2月5日止表码更新时间为“2021–02–06 16:23:57”，如图7–9所示。

（2）在系统计算完电量后，用户的档案信息、倍率信息等变更。

【案例7–6】10kV××线××村6社公用变压器，2021年11月9日18时更换考核表互感器，由200/5更换为150/5，从台区线损供入明细可以看出，电量仍按200/5进行计算，如图7–10所示。

从营销系统查询流程可以看到更换前后变比，如图7–11所示。

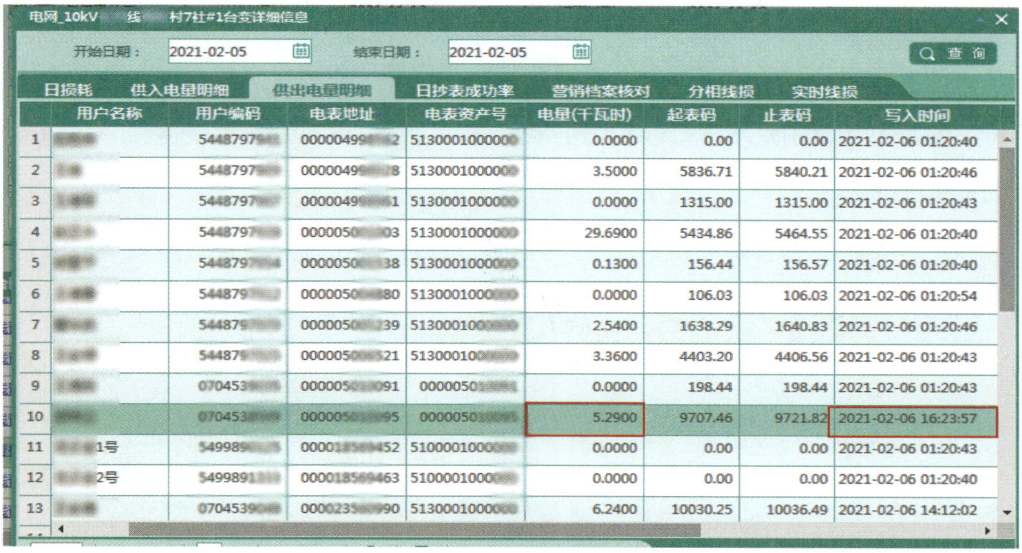

电网_10kV 线 村7社#1台变详细信息

开始日期：2021-02-05　结束日期：2021-02-05　查询

日损耗　供入电量明细　供出电量明细　日抄表成功率　营销档案核对　分相线损　实时线损

	用户名称	用户编码	电表地址	电表资产号	电量(千瓦时)	起表码	止表码	写入时间
1	[illegible]	5448797[illegible]	00000499[illegible]2	5130001000000[illegible]	0.0000	0.00	0.00	2021-02-06 01:20:40
2	[illegible]	5448797[illegible]	0000049[illegible]8	5130001000000[illegible]	3.5000	5836.71	5840.21	2021-02-06 01:20:46
3	[illegible]	5448797[illegible]	0000049[illegible]1	5130001000000[illegible]	0.0000	1315.00	1315.00	2021-02-06 01:20:43
4	[illegible]	5448797[illegible]	0000050[illegible]03	5130001000000[illegible]	29.6900	5434.86	5464.55	2021-02-06 01:20:40
5	[illegible]	5448797[illegible]	0000050[illegible]38	5130001000000[illegible]	0.1300	156.44	156.57	2021-02-06 01:20:40
6	[illegible]	544879[illegible]	0000050[illegible]80	5130001000[illegible]	0.0000	106.03	106.03	2021-02-06 01:20:54
7	[illegible]	544879[illegible]	0000050[illegible]239	5130001000[illegible]	2.5400	1638.29	1640.83	2021-02-06 01:20:46
8	[illegible]	544879[illegible]	0000050[illegible]521	513000100[illegible]	3.3600	4403.20	4406.56	2021-02-06 01:20:43
9	[illegible]	070453[illegible]	0000050[illegible]091	00000501[illegible]	0.0000	198.44	198.44	2021-02-06 01:20:43
10	[illegible]	070453[illegible]	0000050[illegible]95	00000501[illegible]	5.2900	9707.46	9721.82	2021-02-06 16:23:57
11	[illegible]1号	549989[illegible]	00001[illegible]452	5100001000[illegible]	0.0000	0.00	0.00	2021-02-06 01:20:43
12	[illegible]2号	5499891[illegible]	000018569463	5100001000[illegible]	0.0000	0.00	0.00	2021-02-06 01:20:40
13	[illegible]	0704539[illegible]	000023[illegible]990	5130001000000[illegible]	6.2400	10030.25	10036.49	2021-02-06 14:12:02

图7–9　电能表数据采集信息

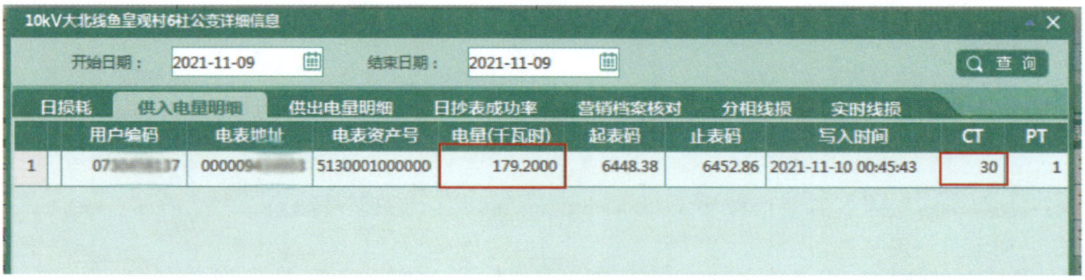

10kV大北线鱼皇观村6社公变详细信息

开始日期：2021-11-09　结束日期：2021-11-09　查询

日损耗　供入电量明细　供出电量明细　日抄表成功率　营销档案核对　分相线损　实时线损

	用户编码	电表地址	电表资产号	电量(千瓦时)	起表码	止表码	写入时间	CT	PT
1	07[illegible]37	000009[illegible]	5130001000000	179.2000	6448.38	6452.86	2021-11-10 00:45:43	30	1

图7–10　采集变比信息

新待办工作　档案查询　查看用户　SQL定制查询　定制查询　计量点工单查询　工单详细信息

方案信息　计量点变更

计量点方案信息　计量点用途方案信息　电能表方案信息　互感器方案信息　二次回路方案信息　失压计时仪方案信息　计量容器方案信息

	变更说明	资产编号	类别	电压变比	电流变比	相别	条形码
1	变更	87150000[illegible]	电流互感器		200/5	A相+B相+C相	8715000011
2	新增	51300020[illegible]00024875[illegible]	电流互感器		150/5	A相	5130002010...
3	新增	51300020[illegible]00024874[illegible]	电流互感器		150/5	B相	5130002010...
4	新增	51300020[illegible]00024875[illegible]	电流互感器		150/5	C相	5130002010...

图7–11　营销变比信息

7.1.3　解决方案

（1）线损计算流程。采集系统每日凌晨4时生成台区线损计算模型用于计算线损指标，线损每天统计三次当日的（8：00，12：00，23：30）、一次昨日的（16：00）。

（2）不符合台区线损计算条件的电能表。利用终端调试界面，查看台区线损明细中缺少的电能表是否属于非分表、非辅表、非专用变压器用户表的一种，如果与实际不符，则需要在营销系统中修改相关电能表属性，然后通过采集调试流程，把档案同步到采集系统。

（3）起表码、止表码存在倒走等异常。可以通过随机采集、穿透抄表功能分析数据一致性，确认数据异常的原因。如果是终端数据异常且电能表数据正常，则可以利用穿透数据手动保存到采集系统主站；如果电能表数据异常，则建议更换电能表。

起止表码错误导致台区线损异常，原因主要有：一是终端原因，如某终端导致用户示数倒走（具体表现为某日用户采集失败，终端会传一个该用户以前的某个时间的冻结示数）；二是表计电池欠压时钟超差，终端支持实时转冻结后，到凌晨0：00时，表计时间不为0：00，表计无冻结，将表计实时数据转为冻结数据，表现为台区一天高损一天负损。

如案例7–5中的1号台式变压器，2021年11月6日高损，11月7日负损，如图7–12所示。

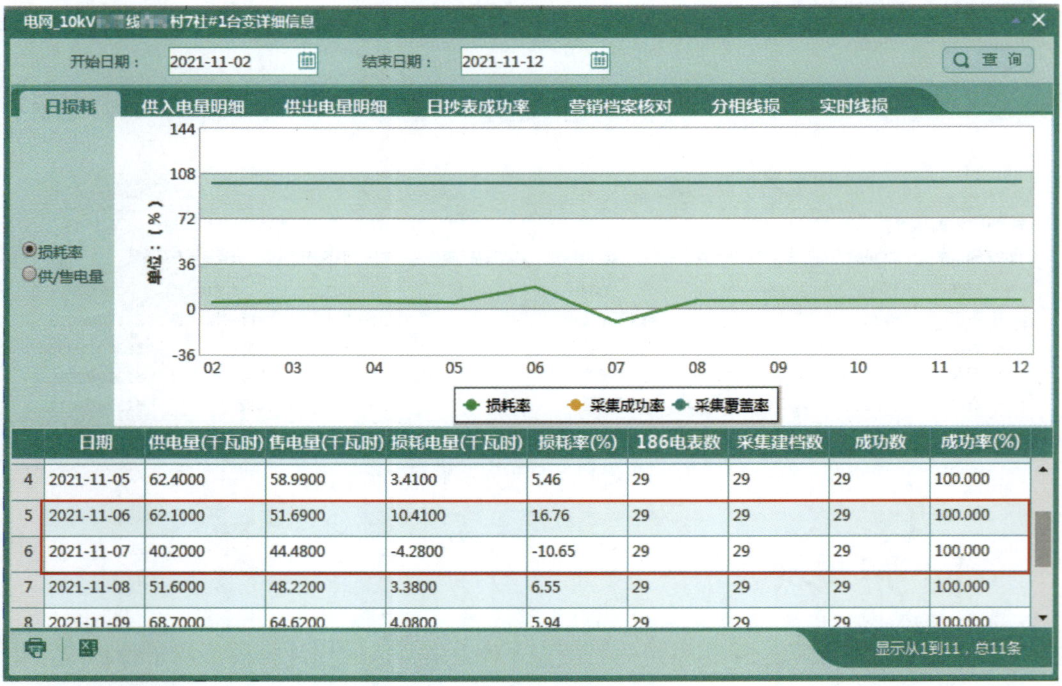

图7–12　主站集集电能表数据

分析发现某居民用户电池欠压，时钟超差，导致示数错乱，影响台区线损，如图7–13所示。

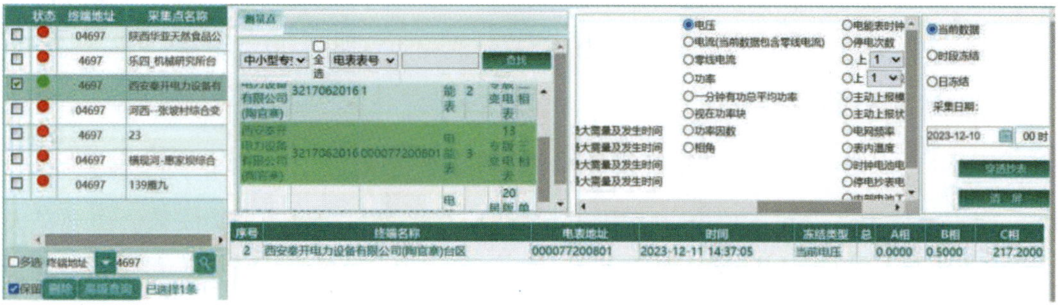

图7–13　电能表数据信息

（4）档案逻辑存在问题、系统主站异常。通过即时通联系采集系统主站运维人员协助处理。

7.2　营销系统销户采集系统仍存在

营销系统销户采集系统仍存在是指在营销系统中进行了用户销户或者换表流程，但是在采集系统中销户的用户仍存在或更换电能表后新表和旧表同时存在。

7.2.1　现象

（1）在终端调试中，更换后的旧终端与新终端同时存在。

（2）在终端调试中，用户销户后用户和电能表仍然存在。

（3）用户销户后，在失败清单中仍然存在。

7.2.2　常见原因

（1）终端更换后旧终端仍然存在。终端更换流程在营销系统发起，若营销终端更换流程异常，删除终端中存在垃圾档案、终端档案逻辑关系缺失等，会出现终端调试中新旧终端同时出现。

（2）用户销户后终端调试仍存在该用户及电能表。

1）用户销户流程在营销系统发起，若营销用户销户流程异常，存在用户垃圾档案、用户电能表逻辑关系缺失，会出现终端调试中销户用户仍旧存在。

2）营销系统中，用户销户后，会在采集相关人员账号中自动启动对应终端的拆户流程，且该流程已经选好对应用户，只需要将该流程走完即可。

（3）用户销户后在失败清单中仍然存在。

1）用户销户流程在营销系统发起，若营销用户销户流程异常，存在用户垃圾档案、用户电能表逻辑关系缺失，该用户档案仍旧在采集存在，若采集失败会出现在失败清单中。

2）用户的全量档案是从营销系统获取的全量档案，该档案正常情况是实时同步到采集系统，如果出现批量档案变更或者网络延迟较大时，将出现销户用户档案不及时的问题。如图7–14和图7–15所示。

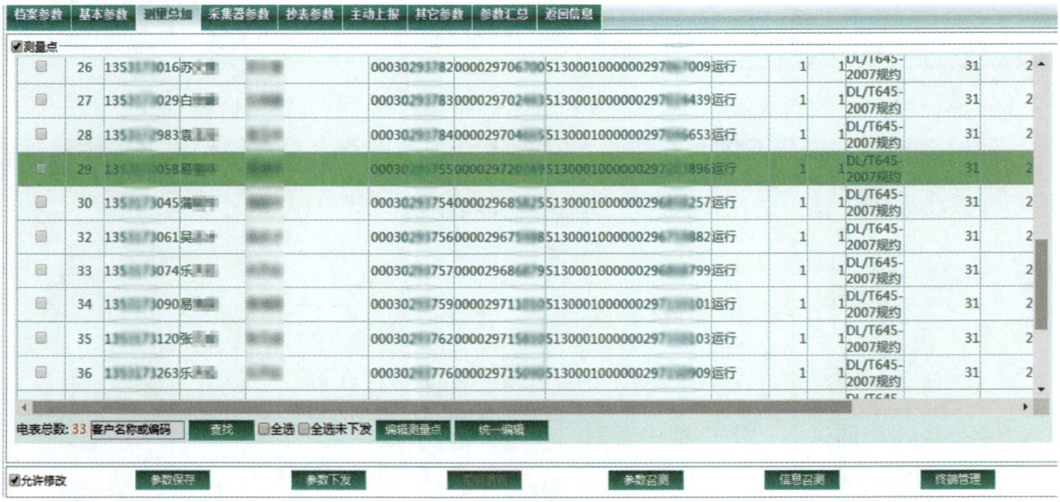

图7–14　采集主站档案信息

3）采集2021版考核采用冻结档案考核指标，每天凌晨0：15会冻结全量档案作为T–1指标考核基础档案，因此，当天销户、拆除后，该用户仍旧会纳入考核不会剔除，采集失败会出现在失败清单中。若营销、采集侧都不存在该用户电表档案，第二天则不会纳入考核。

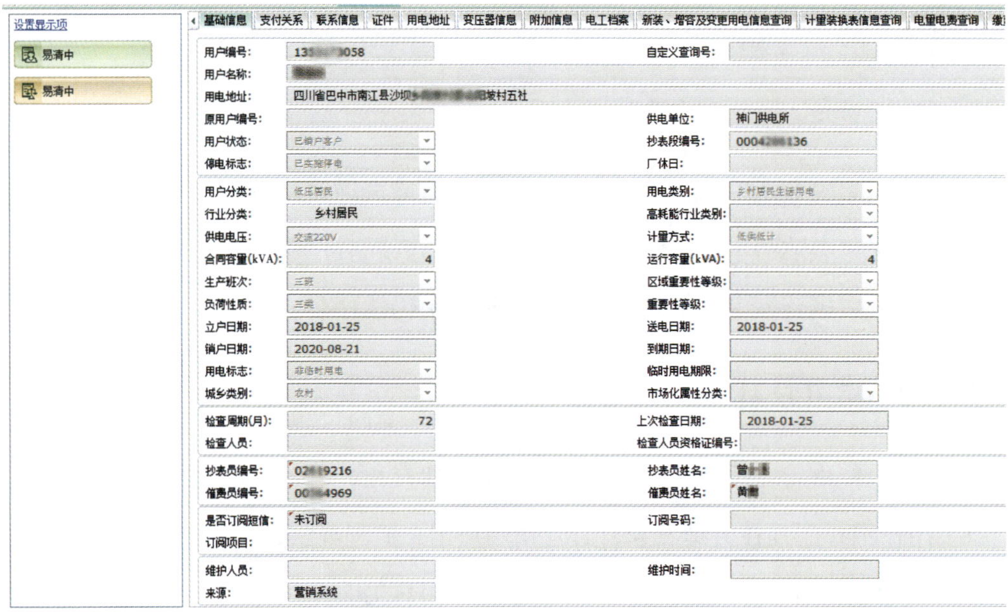

图7-15 营销用户档案信息

7.2.3 解决方案

（1）终端更换后新旧终端仍旧存在。

1）重新同步档案流程。

2）重新同步后仍无法解决，通过即时通联系采集系统主站运维人员协助处理。

（2）用户销户后现场调试中仍旧存在该用户及电能表。

1）重新同步档案流程。

2）重新同步后仍无法解决，通过即时通联系采集系统主站运维人员协助处理。

（3）用户销户后失败清单仍旧存在。销户用户连续多天出现在失败清单，首先查看销户用户档案是否在营销存在垃圾档案，若营销存在垃圾档案联系营销运维人员协助处理。营销无垃圾档案则联系采集运维人员协助处理。

7.3 采集失败清单未更新

采集失败清单未更新是指在营销系统中销户的用户、采集数据完整的用户在采集失败清单中仍然存在。

7.3.1 现象

（1）在采集失败清单中，用户销户后用户和电能表仍然存在。

（2）在采集失败清单中，用户换表后新表与旧表同时存在。

（3）用户数据查询中数据完整，在失败清单中仍然存在。

7.3.2 常见原因

（1）用户销户后失败清单中用户和电能表仍然存在。

1）用户销户流程在营销发起，若营销用户销户流程异常，存在用户垃圾档案、用户电能表逻辑关系缺失，会出现终端调试中销户用户仍旧存在。

2）2021版日报、周报考核，采用冻结档案考核，每天凌晨0：15会冻结全量档案作为T–1指标考核基础档案。当天销户用户档案即使在营销、采集侧已不存在，但因冻结档案中仍旧存在该用户档案，因此仍旧存在于失败清单。

（2）换表后旧表新表同时存在于失败清单。

1）旧表未从采集运行电能表中拆除，新表未同步到采集，造成旧表采集失败且新表采集未接入，导致新表、旧表同时存在于失败清单。

2）旧表已从采集运行电能表中拆除但凌晨冻结档案中存在旧表档案，新表未同步到采集，造成旧表采集失败且新表采集未接入，导致新表、旧表同时存在于失败清单。

（3）数据采集完整但存在于失败清单中。

1）数据采集入库后，采集会有一个数据校验过程，这一过程中，该用户会出现数据采集完成但仍旧存在于失败清单中。

2）因档案异动导致采集未接入电能表，即使表码采集成功，但因采集未覆盖，同样会纳入失败清单造成数据采集完整但仍旧存在于失败清单。

3）采集数据的入库时间晚于采集系统指标统计时，由于错过了系统指标统计，则历史失败清单中仍然存在。

7.3.3 解决方案

（1）用户销户后失败清单中用户和电能表仍然存在。销户用户连续多天出现在失败清单，首先查看销户用户档案是否在营销存在垃圾档案，若营销存在垃圾档案联系营销运维人员协助处理。营销无垃圾档案则联系采集运维人员协助处理。

（2）换表后旧表新表同时存在于失败清单。销户用户连续多天出现在失败清单，首先查看销户用户档案是否在营销存在垃圾档案，若营销存在垃圾档案联系营销运维人员协助处理。营销无垃圾档案则联系采集运维人员协助处理。

（3）数据采集完整但存在于失败清单中。利用实时失败清单进行采集消缺。

7.4 用户类型错误

用户类型错误是指营销系统中的用户类型与采集系统中的用户类型不一致或者采集系统中的用户类型与现场用户实际性质不一致。

7.4.1 现象

（1）营销系统中用户类型为专用变压器，采集系统的用户类型为低压居民或者其他用户类型，导致采集数据不符合专用变压器用户考核。

（2）光伏用户同步到采集后为低压居民或其他用户类型。

7.4.2 常见原因

（1）采集系统用户类型判断规则。按照国家电网有限公司发布的采集系统主站的建设标准，采集系统主站的用户类型分为大型专用变压器、中小型专用变压器、居民用户、三相一般工商业、单相一般工商业、共用配电变压器考核计量点6类。由于营销业务系统的用户类型分类与采集系统主站的分类不一致，因此采集系统主站是根据营销业务系统的用户属性、变压器属性、台区属性以及采集设备属性等进行逻辑判断后，生成的采集系统主站的用户类型。具体判断规则参见附录B。

（2）营销专用变压器类型同步到采集后为其他客户类型。专用变压器用户在营销建立档案时，需要挂接变压器，未挂接变压器的专用变压器档案同步到采集可能会导致客户类型错误。

（3）光伏用户同步到采集后为低压居民或其他客户类型。

1）营销光伏用户走低压建档流程可能导致客户类型错误。

2）客户类型同步流程异常导致采集客户类型与营销不一致。

7.4.3 解决方案

（1）用户在营销系统建立档案时，按照采集系统用户类型判断规则，完善营销系统中的相关档案属性，然后再同步到采集系统。

（2）通过营销系统对客户类型进行维护，路径为“采集管理”－“辅助功能”－“采集用户类型维护”，新上专用变压器客户类型为空，所以到采集系统后为低压居民，需要维护为专用变压器。如图7–16所示。注：这一步最重要的，也是唯一方法。

（3）通过即时通联系采集系统主站运维人员协助处理。

图7–16　用户类型设置

7.5 采集指标未更新

采集指标未更新指采集系统2021计量管控日报、台区线损、集中器抄表成功率等无数据或更新不及时。

7.5.1 现象

（1）采集系统2021计量管控日报早晨8:30无数据。

（2）台区线损监控界面线损指标数据异常。

（3）集中器抄表成功率指标未更新。

（4）低压用户数据批量查询中失败清单数量异常。

7.5.2 常见原因

（1）采集系统2021计量管控日报早晨8:30无数据。

1）采集终端全量掉线。

2）采集系统主站指标统计模块异常。

（2）台区线损监控界面线损指标数据异常。

1）用户表码采集入库时间晚于线损统计时间。

2）采集系统主站指标统计模块异常。

3）线路跳闸、恶劣天气等原因导致停电。

（3）集中器抄表成功率指标未更新。

1）集中器离线。

2）集中器的抄表参数清除或丢失。

3）采集系统主站指标统计模块异常。

4）线路跳闸、恶劣天气等原因导致停电。

（4）低压用户数据批量查询中失败清单数量异常。

1）集中器离线。

2）集中器的抄表参数清除或丢失。

3）采集系统主站指标统计模块异常。

4）线路跳闸、恶劣天气等原因导致停电。

（5）终端时钟错误。集中器电池无效，停电后，时钟超差。

如图7–17所示。

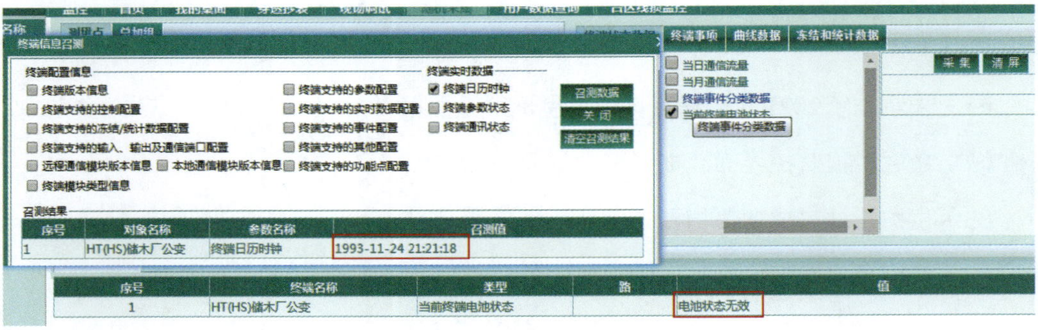

图7–17　终端电池状态

7.5.3　解决方案

（1）集中器离线。

1）通过采集系统主站的现场调试菜单，查看集中器参数设置是否正确，包含服务器组、主站端口、通信规约等，查看设备是否离线。

2）通过即时通联系采集系统主站运维人员协助处理。

（2）集中器的抄表参数清除或丢失。

1）通过终端调试功能模块召测抄表参数，如果参数不存在，则重新下发参数；如果参数存在，则通过随机采集功能，验证采集终端是否存在采集数据，如果无数据，则清空采集参数然后重新下发。

2）通过随机采集，终端集中抄表状态，抄读集中器内要抄电能表数是否与现场调试中吻合。即各个端口要抄电能表数相加要与测量总加内电表数相等，如果不等，会造成部分或全部表计采集失败。如图7–18所示：

（3）采集系统主站指标统计模块异常。通过即时通联系采集系统主站运维人员协助处理。

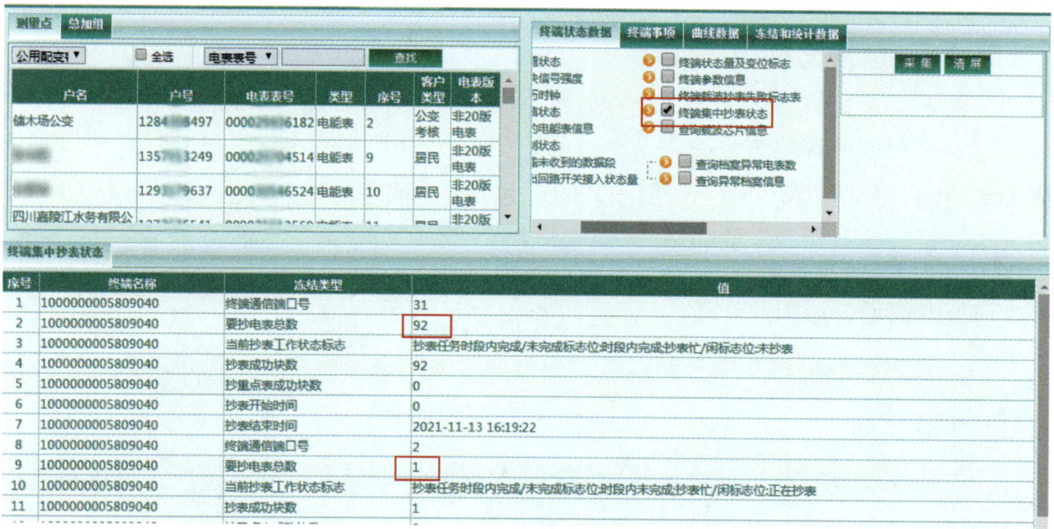

图7-18　终端抄表状态

7.6　终端批量离线

终端批量离线是指某供电单位出现大批量终端同一时刻离线或者某运营商的终端出现离线。

7.6.1　现象

（1）在随机采集、现场调试终端状态为红色且召测终端时钟、终端版本无返回信息。

（2）终端大批量掉线，系统查看本单位终端在线率偏低。

（3）用户数据大批量未采集，系统指标偏低。

7.6.2　常见原因

（1）运营商基站故障或者SIM卡欠费停机。

（2）省公司机房的网络设备或者网络出现故障。

（3）采集系统主站的服务器出现宕机或者其他故障。

（4）线路跳闸、恶劣天气等原因导致停电。

7.6.3 解决方案

（1）运营商基站故障或者SIM卡欠费停机。利用采集系统的按照信道查询终端在线率等功能，分析离线终端是否属于某固定区域或者固定的运营商。

（2）省公司机房的网络设备或者网络出现故障。通过即时通联系采集系统主站运维人员或者信通公司协助处理。

（3）采集系统主站的服务器宕机。通过即时通联系采集系统主站运维人员或者信通公司协助处理。

（4）线路跳闸等。询问相关线路管理人员恢复供电时间，并持续跟踪终端是否正常上线并采集成功。

7.7 终端地址为空

终端地址为空是指在营销系统完成终端调试流程后，在采集系统的终端调试界面无法查询到该终端或者终端地址/区位码为空。

7.7.1 现象

采集系统现场调试功能界面中显示终端地址为0。

7.7.2 常见原因

在营销系统中进行终端调试流程时，新建或更换终端档案环节终端类型、终端规约设置错误。

7.7.3 解决方案

在营销系统中进行终端调试流程时，按照实际情况选择正确的终端规约及类型，常见的错误主要是面向对象规约的终端，更换新终端时注意和采集系统现场调试中的规约要保持一致，如图7-19所示。

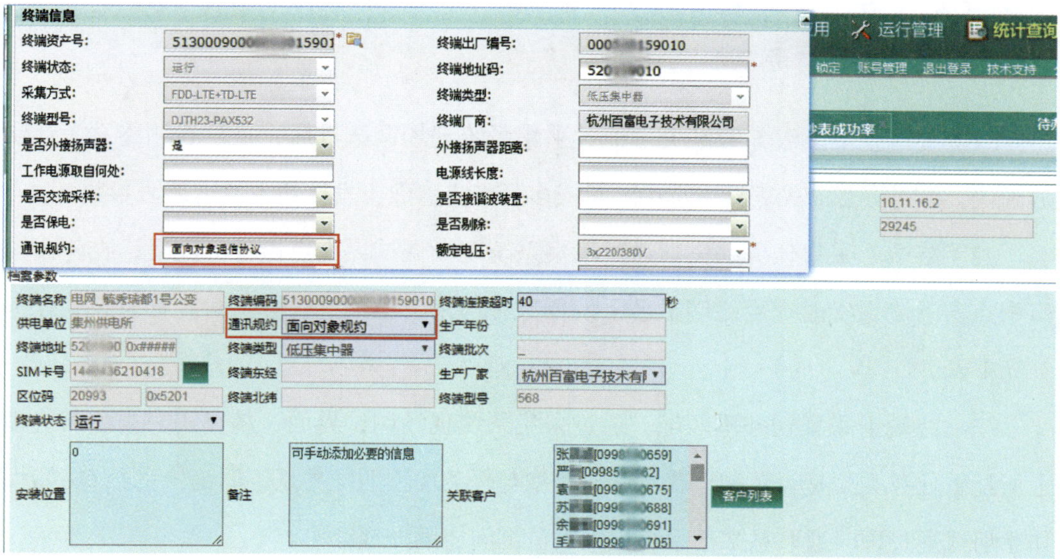

图7-19 终端规约参数

7.8 面向对象终端无数据

面向对象终端无数据是指面向对象协议终端在采集系统主站中查询不到数据或者利用随机采集功能无法采集到面向对象终端的电能表数据。

7.8.1 现象

（1）面向对象集中器采集成功率为0。

（2）随机采集无法采集到电能表数据但穿透抄表可以采集到数据。

7.8.2 常见原因

（1）终端上电能表参数缺失，用户下发电能表参数时漏下或重启终端清除参数后未重新下发。

（2）终端上的采集任务缺失或采集任务不匹配。用户未配置下发698终端采集任务或重启终端清除参数后未重新下发；用户配置698终端采集任务时与终端上用户类型匹配，常见于专用变压器698终端下专用变压器用户配置公用变压器用户采集任务。

7.8.3 解决方案

（1）终端上电能表参数缺失。通过采集系统现场调试界面，批量召测终端表计参数确认，针对参数缺失表计可选中一只或多只点击参数下发按钮下发电能表参数。

（2）终端上采集任务缺失。通过采集系统现场调试界面点击任务配置，在弹出窗口中点击召测，实时查看终端上已下发任务并与采集已配置任务比对。针对缺失任务补充下发。

（3）终端上采集任务不匹配。通过采集系统现场调试界面，核查用户类型与终端上所配置任务类型是否匹配，若对用户类型与任务类型匹配关系不明确，可翻看698操作手册或通过即时通联系采集系统运维人员询问协助处理。

【案例7–7】××县××公司专用变压器为面向对象规约终端，业务人员在配置采集任务时，错将专用变压器任务配置为公用变压器采集任务，导致采集失败，重新配置任务，并下发后采集成功。如图7–20所示。

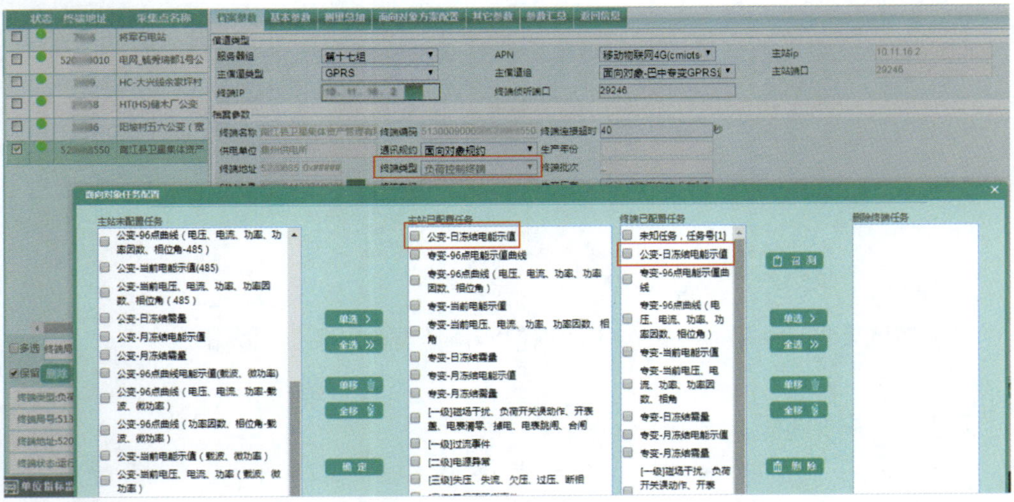

图7–20 采集方案

7.9 分相线损无数据

分相线损无数据是指在台区多日线损界面上，分相线损无数据。具备HPLC并且开启HPLC业务应用的终端才具备分相线损计算和数据展示功能。

7.9.1 现象

（1）台区分相线损统计无数据。

（2）台区多日线损界面上无法查看分相线损数据。

7.9.2 常见原因

（1）台区未换装HPLC模块。

（2）台区未开启HPLC业务应用。

（3）台区总表分相表码采集失败。

（4）分相线损计算异常。

（5）终端未升级为支持相序识别的程序。

7.9.3 解决方案

（1）台区未换装HPLC模块。按需换装HPLC模块并向省计量中心申请开启HPLC业务应用。

（2）台区总表分相表码采集失败。通过随机采集召测“分相电能示值”看终端是否有冻结，无冻结需要联系集中器厂家处理；有冻结，则通过即时通联系采集系统运维人员协助处理。

（3）分相线损计算异常。通过即时通联系采集系统运维人员协助处理。

（4）终端未升级为支持相序识别的程序。对终端升级为支持相序识别的程序。

7.10 采集指标波动

采集指标波动是指在采集系统主站的日报、周报中的采集成功率、线损合格率等与平均的成功率存在较大差异。

7.10.1　现象

（1）日报、周报中的成功率低于日常平均成功率。

（2）集中器抄表成功率低于日常平均成功率。

7.10.2　常见原因

（1）终端批量离线，造成数据无法正常采集。

（2）终端升级出现异常，造成部分终端不抄表。

（3）电能表电池欠压且台区出现停电。

7.10.3　解决方案

（1）终端批量离线，参照7.6终端批量离线的方案进行处理。

（2）终端升级出现异常，及时将终端软件版本进行回退或者通过即时通联系采集系统运维人员协助处理。

（3）电能表电池欠压，根据采集系统的时钟管理功能模块，及时处理或者更换电池欠压的电能表。

7.11　充值任务未执行

充值任务未执行是指用户通过186发起电费远程下发任务，但是该远程充值任务未给营销系统反馈执行成功或者失败的原因。

7.11.1　现象

（1）在186系统界面通过用户可以查询到充值任务，但是在采集系统界面通过用户查询不到充值任务，任务未正常推送到采集。

（2）在采集系统购电信息查询界面可以查询到充值任务，但是任务执行次数为0。

7.11.2 常见原因

（1）采集系统查不到充值任务。

1）采集系统与营销系统的数据接口出现异常，采集未获取到任务。

2）用户档案逻辑异常，存在垃圾档案。

（2）任务执行次数为0。

1）同一集中器短时间内出现大量用户远程充值，导致终端在规定时间（1h）内无法完成所有任务的执行，常见于终端下用户一分钱批量测试。

2）终端离线，任务无法执行。

7.11.3 解决方案

（1）采集系统查询不到充值任务。即时通联系采集系统运维人员协助处理。

（2）任务执行次数为0。

1）进行一分钱测试时，控制好测试任务数量，同一批任务量不宜超过40个。

2）终端离线，及时赴现场进行终端离线的分析和处理。

7.12 终端有数据，采集系统主站无数据

终端有数据采集系统主站无数据是指通过随机采集功能可以查询到终端上存在数据，但是在采集主站的数据查询等功能界面无法查询到数据。

7.12.1 现象

（1）随机采集召测终端有冻结电能示值，用户查询没有数据。

（2）随机采集召测终端有冻结曲线数据，用户查询没有数据。

（3）随机采集召测终端有冻结购电信息数据，用户查询无数据。

7.12.2　常见原因

（1）终端上行报文解析异常。常见的为集中器上传反向冻结数据异常，终端有冻结反向有功数据，但是用户查询没有反向数据。

（2）客户类型错误或采集任务错误。

1）终端有冻结曲线，但是用户查询无曲线数据，一般是客户类型错误导致，常见的为客户类型为专用变压器，但是采集却是居民类型,低压客户类型默认不会采集曲线数据。

【案例7-8】××县××养殖专业合作社专用变压器，2021年4月23日立户并同步到采集主站，但4月24日仍无曲线数据，检查为客户类型错误，如图7-21所示。

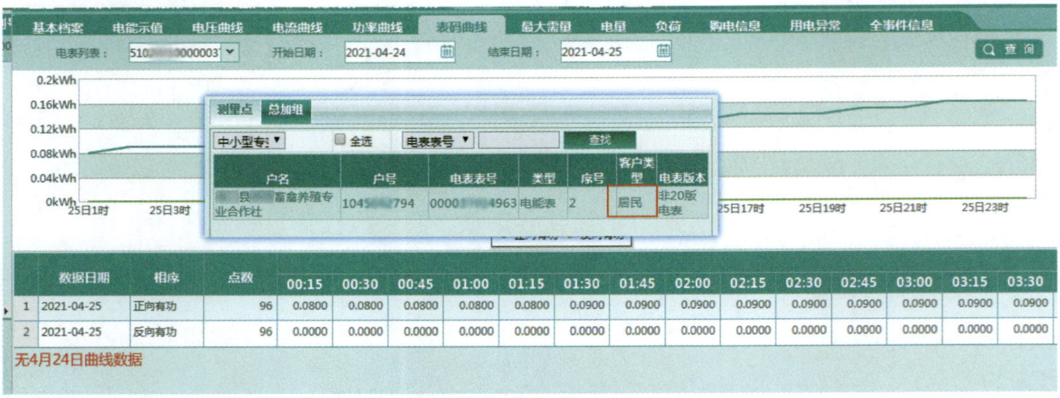

图7-21　用户类型

2）客户类型正确但是没有采集，一般为采集任务配置错误导致曲线数据未正常初始化。

（3）终端上行报文解析异常或规约不一致。客户类型正确且终端有冻结剩余金额，一是终端上行数据解析异常导致入库失败；二是终端版本与报文规约不一致，如终端为2013版，报文使用的2009版规约，即终端是什么规约就在系统选什么规约，否则导致剩余金额采集失败。

7.12.3　解决方案

（1）上行报文解析异常需要联系终端厂家分析处理。

（2）客户类型错误从营销系统维护客户类型再重新同步到采集，参见7.4.3的解决方案；采集任务配置错误联系主站运维人员处理。

（3）剩余金额上行数据解析异常需要联系终端厂家分析处理。规约不一致则核实现场与主站规约配置为正常的；终端异常则需要更换终端或联系厂家分析处理。

8 终端常见问题

终端是指可以实现计量设备（电能表等）的数据采集、计量设备工况监测等，同时能够对所有数据进行处理存储、能够与系统主站或手持设备进行数据交互的设备。根据采集的用户对象不同，终端一般可以分为专变采集终端、集中抄表终端以及电能量终端三类。终端出现故障时，出现无法数据采集或者无法与主站进行通信等问题。采集终端故障分类见表8-1。

表8-1　采集终端故障分类

分类	故障原因	采集故障现象	影响范围	处理方法
终端参数设置	终端地址设置错误	终端无法上线或与其他终端地址冲突	单个终端或与涉及的终端	重新设置正确的终端地址
	终端 APN 用户名、密码设置错误	终端无法上线，无法采集数据	单个终端	重新设置正确的 APN 用户名及密码
	终端未将 VPN 正确设置	终端无法上线，无法采集数据	单个终端	重新设置正确的 VPN
安装质量	终端（采集器）电源未正确接入	终端（采集器）未带电，无法上线和采集数据	单个终端	重新正确接入终端电源
	集中器仅接入一相电源	集中器无法采集用另外两相供电的单相表	单个终端	重新将集中器正确接入电源
	终端无线通信模块插针弯曲或接触不良	终端因无线通信模块插针接触不良好或弯曲导致无法上线，无法采集数据	单个终端	（1）插紧无线模块。 （2）扳正插针后重新插紧无线模块。 （3）更换通信模块
	集中器载波通信模块插针弯曲或接触不好	集中器因载波通信模块插针接触不良好或弯曲导致无法与电能表通信，无法冻结电能表数据	单个终端	（1）插紧载波模块。 （2）扳正插针后重新插紧载波模块。 （3）更换载波模块

续表

分类	故障原因	采集故障现象	影响范围	处理方法
安装质量	终端无线通信模块的天线接触不良或未放置在信号良好的地方	终端无法上线，无法采集数据	单个终端	（1）旋紧外置天线接头。 （2）更换成外置天线。 （3）将外置天线放置到终端柜外且信号良好处
	通信卡接触不好	终端无法上线，无法采集数据	单个终端	将通信卡取出，重新安装通信卡
	采集485表未正确接入485线或者接触不良	终端无法采集485表数据	单个终端	（1）将485线正确接入。 （2）将接头旋紧，使接触良好
	采集低压485表未安装采集器	集中器无法采集相应的485表	单个终端	补装采集器，并正确将485表计接入采集器
	终端未正确接入电能表脉冲线	终端无法正常采集脉冲信号	单个终端	正确接入电能表脉冲线
终端故障	终端电源设计存在缺陷	终端运行中出现烧毁，造成采集不成功	同一终端厂家同一型号同一批次中存在批量隐患	更换终端
	终端时钟软硬件设计存在缺陷	终端运行中出现时钟偏差，且对时不成功或对时成功后又出现偏差	单个终端	更换终端
	终端软件处理月冻结数据时存在缺陷	终端无法正确冻结月数据	单个终端	升级终端软件
	无线通信模块损坏	终端无法上线，无法采集数据	单个终端	更换无线通信模块
	载波通信模块损坏	集中器可以上线，但无法冻结载波电能表数据	单个终端	更换载波通信模块
	终端被雷击损坏	终端本体或终端电源线上存在雷击痕迹，终端损坏	单个终端	更换终端
	终端因过载烧毁	终端本体明显有被烧毁痕迹，且历史数据中明显存在过载现象，终端损坏	单个终端	更换终端，同步督促相关部门处理过载问题

8.1 设备无信号

8.1.1 现象

设备液晶界面状态区显示设备未获取到信号强度，如图8-1所示。

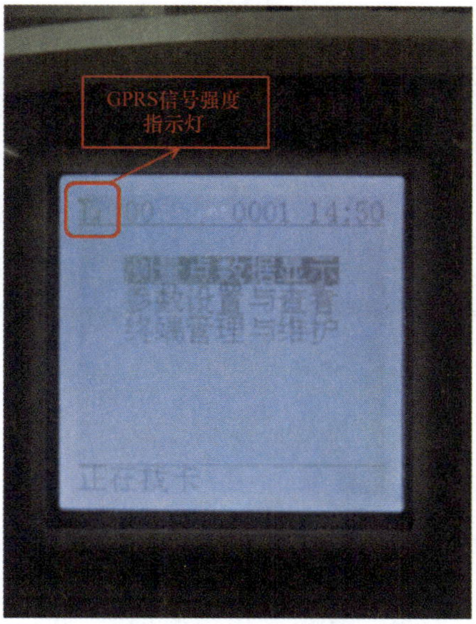

图8-1 设备信号强度

8.1.2 原因

（1）设备安装现场无信号覆盖。

（2）上行模块故障，无法正常工作。

（3）终端模块天线接触不良或未安装天线，或转接线接触不良。

（4）SIM/UIM卡失效。

8.1.3 解决方法

（1）更换其他运营商SIM卡观察有无信号，使用外置延长天线或信号转换器。

（2）更换可正常使用的上行模块，判断原模块是否正常。

（3）调整或更换天线及转接线。

（4）更换SIM/UIM卡。

8.2 设备不上线

设备上线流程如图8-2所示。

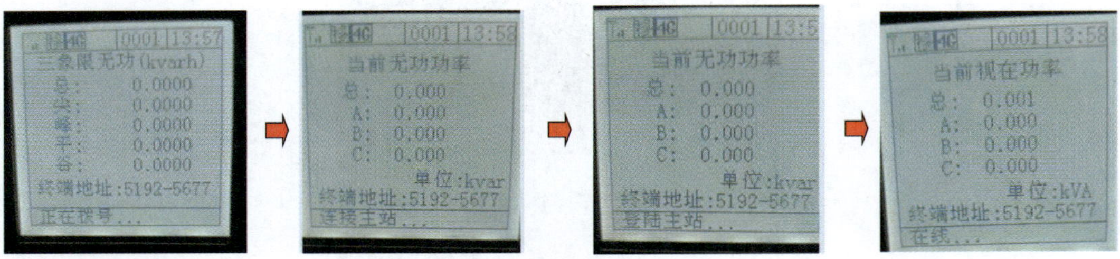

图8-2 设备上线流程

8.2.1 现象

（1）设备液晶界面告警信息提示SIM卡异常。

（2）设备液晶界面告警信息提示与GPRS/CDMA模块通信失败。

（3）设备液晶界面告警信息提示PPP拨号失败。

（4）设备液晶界面告警信息提示打开SOCKET口失败。

（5）设备上线不稳定（频繁上线、掉线）。

（6）设备上线异常（终端显示上线，主站显示不在线）。

8.2.2 原因

（1）设备告警信息提示SIM卡异常原因。

1）GPRS模块内SIM卡未正确安装。

2）集中器模块与SIM卡触点氧化生锈。

3）SIM欠费或SIM质量出现问题。

（2）设备告警信息提示与GPRS/CDMA模块通信失败原因。

1）模块没有正确且有效地安装。

2）集中器模块正确安装但是电源灯不亮。

（3）设备告警信息提示PPP拨号失败原因。PPP拨号失败表明终端无法正确连接到无线服务提供商(移动、联通、电信)基站，造成此情况一般有几方面原因：

1）现场信号太弱。

2）设备上行参数设置错误。

3）SIM/UIM卡业务功能开通问题。

（4）设备告警信息提示打开SOCKET口失败原因。打开SOCKET口失败表明终端可以连接到网络基站，但无法连接到采集系统主站，主要原因一般为端口号、行政区码、终端地址设置错误。

（5）设备上线不稳定原因。由于终端所采用的无线模块、无线服务供应商以及现场情况的不同，终端对信号强度的要求、程序在不同现场的稳定性也不同，可能会造成终端在现场上线的不稳定，主要现象及原因如下：

1）现场信号太弱导致终端频繁上下线。

2）心跳周期设置太长导致终端频繁上下线。

（6）设备上线异常（终端显示上线，主站显示不在线）原因。现场终端显示上线，主站显示不在线，主要原因一般为档案问题或参数设置问题，具体如下：

1）集中器心跳时间设置为0。

2）主站档案中存在重复档案，且重复的档案在另外的单位。

8.2.3 解决方法

（1）SIM卡异常解决办法。

1）正确安装SIM卡，确认卡没有装反，卡槽正确扣上并紧密接触。

2）现场排查需仔细观察集中器模块与SIM卡触点，如果生锈可能导致模块与卡接触不良，需更换集中器GPRS模块。

3）SIM卡欠费则无法与主站通信，检查时可将SIM卡放置手机中查看是否能上网，如不能上网则判定为SIM卡欠费，需更换SIM卡。

（2）与GPRS/CDMA模块通信失败解决办法。

1）集中器模块为拔插式设计，安装模块时需保证集中器模块安插正确。

2）出现以上现象多数为集中器模块损坏或集中器内侧与模块接口出现损坏，需更换集中器模块再进行测试，如更换模块之后模块电源灯仍不亮，则可判断为集中器故障，需更换集中器解决。

（3）PPP拨号失败解决办法。

1）现场可根据集中器液晶显示查看集中器信号，如无信号或信号太差，则容易造成以上现象，需要用户加装平板天线等设备来增强信号或更换集中器位置到信号良好的地方。

2）主站IP、APN设置错误也会导致终端连不到网络基站，造成PPP拨号失败，需核对参数，重新设置。

3）SIM/UIM卡没有开通数据服务，同样会连接不到网络基站，导致PPP拨号失败，可联系相关运营商确认。

（4）打开SOCKET口失败解决办法。

1）现场需检查确认主站IP地址、端口号、APN等参数与主站侧档案的参数一致性。

2）核实主站设置的终端地址及行政区划是否正确，且是否存在相同终端地址及行政区划的设备存在。

（5）设备上线不稳定。

1）现场部分台区信号太弱时，可能会导致终端频繁上下线，现场可建议客户加装平板天线等设备来增强信号。

2）现场终端设置的心跳周期需要与主站一致，针对部分信号差的台区，可适当缩短心跳周期。如果心跳周期设置过长，导致主站看到终端频繁上下线。

（6）设备上线异常（终端在线，主站显示不在线）解决办法。

1）当集中器心跳时间设置为0时，集中器认为自己在线，不再向主站发心跳帧验证是否在线，而主站接不到终端发的心跳帧，主站判断终端不在线。只需将集中器心跳时间设置正确即可。

2）主站侧档案与现场设备实际档案不一致，将不同集中器档案建反或建混，导致现场终端对应错误，主站看到掉线的终端可能并不是现场观察到的终端，此时定要仔细核对档案，保证档案没有问题后，重启仍不上线，则需监听报文解决。

8.2.4 总结

设备不上线的问题，多数为信号强度或档案错误问题，排查时首先查看终端液晶显示及信号格等，对应液晶提示可解决相当大部分问题；有信号仍不上线时则需排查档案等问题；若仍无法解决问题可尝试更换SIM卡。

8.3 设备黑屏

设备黑屏如图8-3所示。

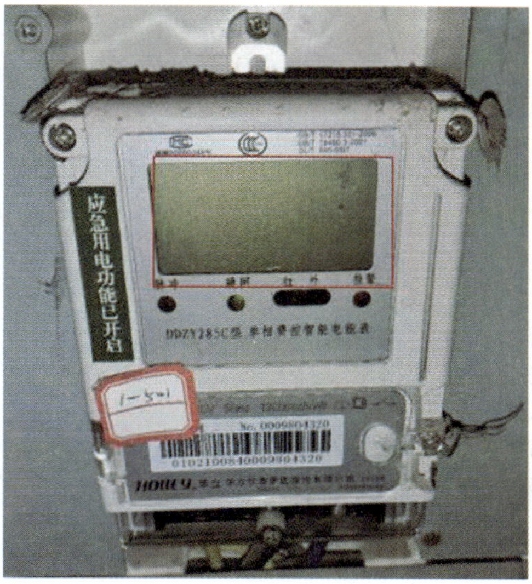

图8-3 电能表黑屏

8.3.1 现象

设备液晶黑屏，按键操作无反应，液晶无法正常启动。

8.3.2 原因

（1）现场未准确有效的接入供电电源。

（2）设备出现硬件故障或受到外部因素导致故障。

（3）设备软件卡死，导致无法正常启动。

8.3.3 解决方法

（1）现场检查电源接入，若发现问题应及时更正。

（2）设备出现硬件故障后，无法正常使用，需进行更换。

（3）设备运行卡死，可尝试断电重启。

8.4 终端参数设置

参端参数设置如图8–4所示。

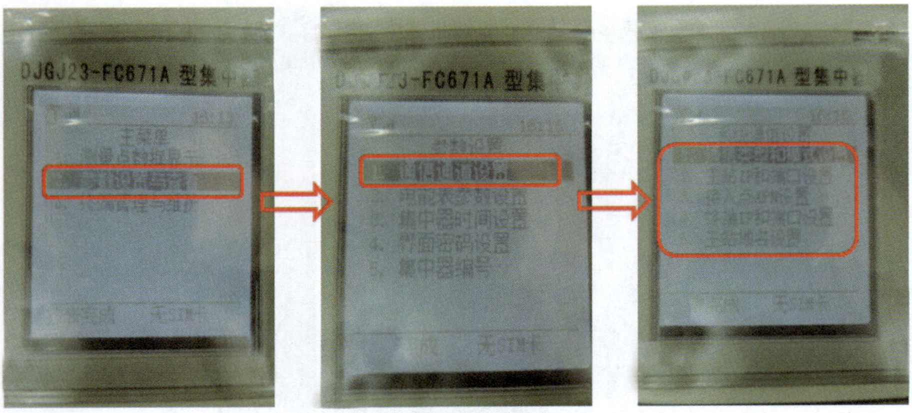

图8–4 终端设置的主站信息

（1）终端地址：终端地址与铭牌相同。

（2）APN：根据SIM卡运营商的不同，设置正确的APN。

（3）主站IP地址：采集系统主站的地址。

（4）主站端口：根据省公司分配到市公司的端口代号进行设置。

（5）通信规约：面向对象规约与其他规约；面向对象必须和系统规约一致。

（6）终端软件版本：软件版本过于陈旧会影响终端抄表稳定性。

8.4.1 现象

终端显示有信号但是终端不上线。

8.4.2 原因

终端地址、APN、主站IP地址、主站端口、通信规约设置存在异常。

8.4.3 解决办法

核对终端的终端地址、APN、主站IP地址、主站端口、通信规约。

8.5 集中器抄表不稳定

8.5.1 现象

终端经常抄表不全，如图8-5所示。

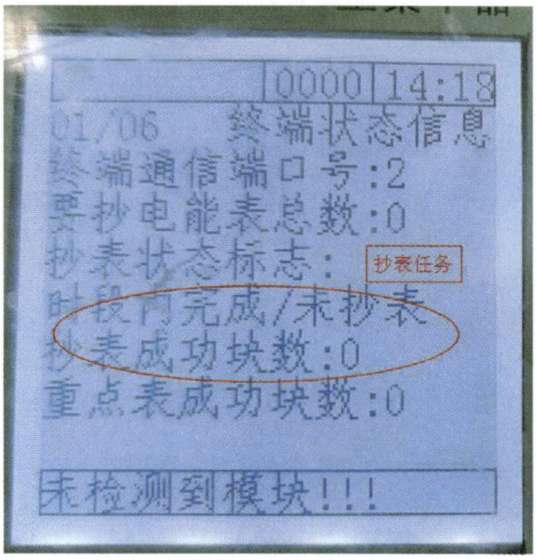

图8-5　终端抄表状态

8.5.2 原因

（1）终端软件版本过于陈旧，影响终端抄表稳定性。

（2）线路干扰和终端安装位置不佳当线路上存在大型用电设备时，往往容易产生线路干扰，如谐波、噪声；线路跨度较大或干扰较大，或由于终端安装在载波盲区都有可能导致成功率不高。其他原因均排除后，可考虑是否由于线路干扰或终端安装位置不佳造成。

8.5.3 解决办法

（1）联系厂家核对终端软件版本，对终端进行升级。

（2）在线路跨度较大的地方加装载波中继装置；考虑更换集中器安装位置，最好为台区中心位置；调整集中器抄表策略；使抄表时间尽量避开线路干扰大的时段。

【案例8-1】终端地址为21858，终端名称为××大酒店专用变压器，如图8-6所示。

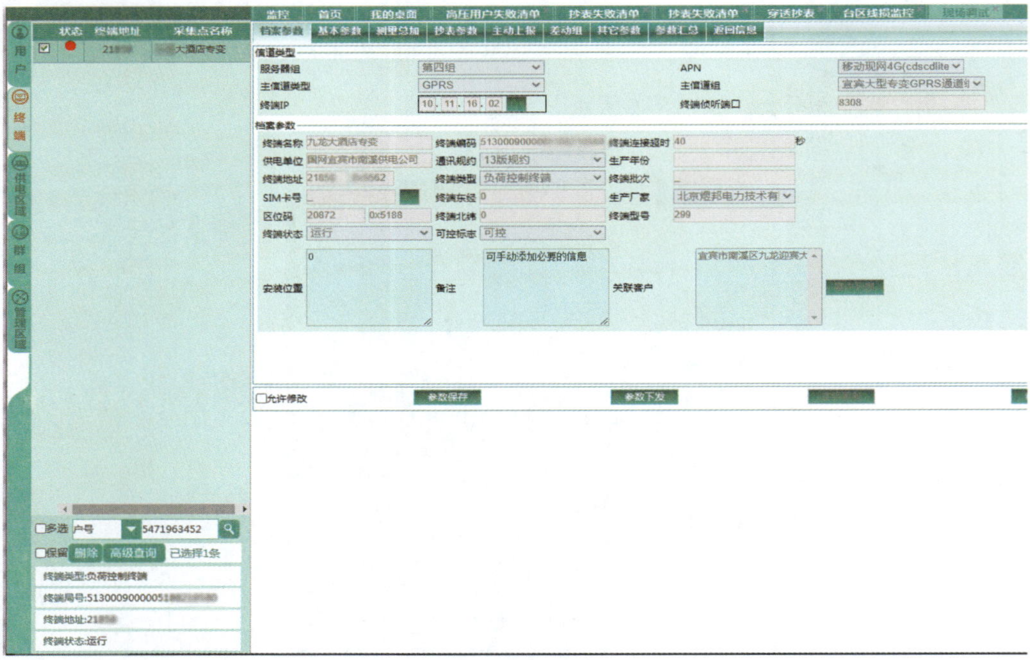

图8-6 终端档案信息

查看终端掉线情况如图 8–7 所示。

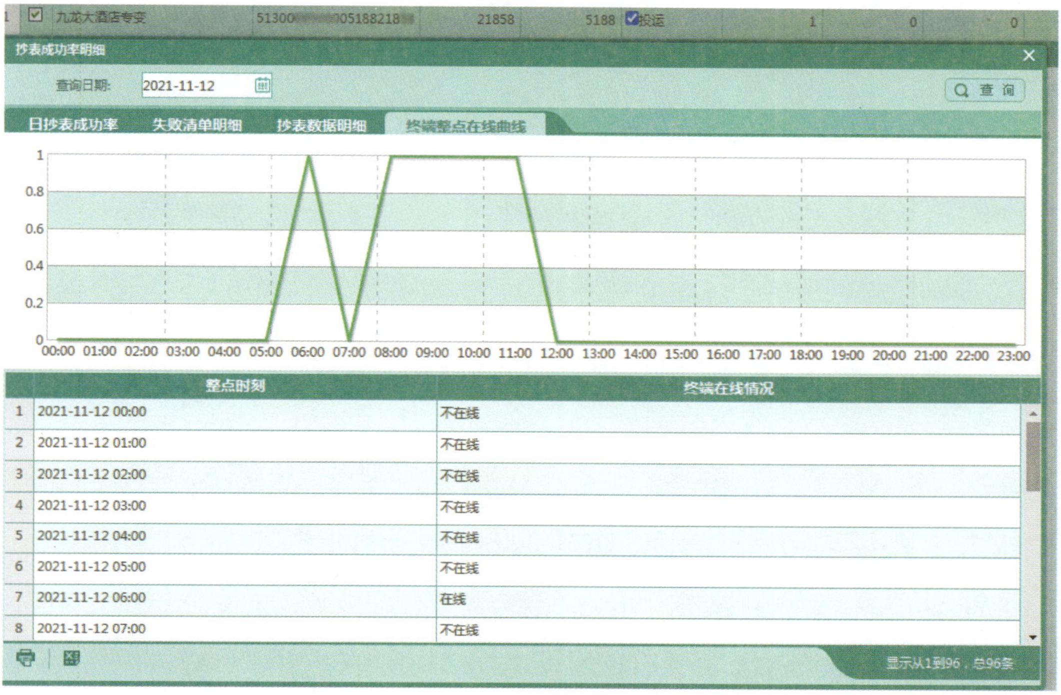

图 8–7　终端整点在线曲线

（1）诊断：信号差，上线不稳定。

（2）现场情况：终端安装于地下室，安装位置信号差。

（3）处理方式：延长天线至信号开阔地带；更换为光纤通信。

9 电能表常见问题

电能表是智能电网数据采集的基本设备之一，承担着原始电能计量、采集和传输的任务，是实现信息集成、分析优化和信息展现的基础。智能电能表除了具备传统电能表基本用电量的计量功能外，为了适应智能电网和新能源的使用还具有双向多种费率计量、用户端控制、多种数据传输模式的双向数据通信等智能化的功能。电能表故障时，会出现电能表计量异常、显示屏无法观看等问题。

9.1 计量性能故障

9.1.1 现象

（1）电能表计量误差超差。表计显示电流与实际电流不符，如图9–1所示。

图9–1 现场电能表运行数据

（2）电能表潜动。

（3）电能表不启动。

（4）电能表停走。如实际现场有负荷，但电能表上无电压或无电流，或有电压、电流但未走字，如图9-2所示。

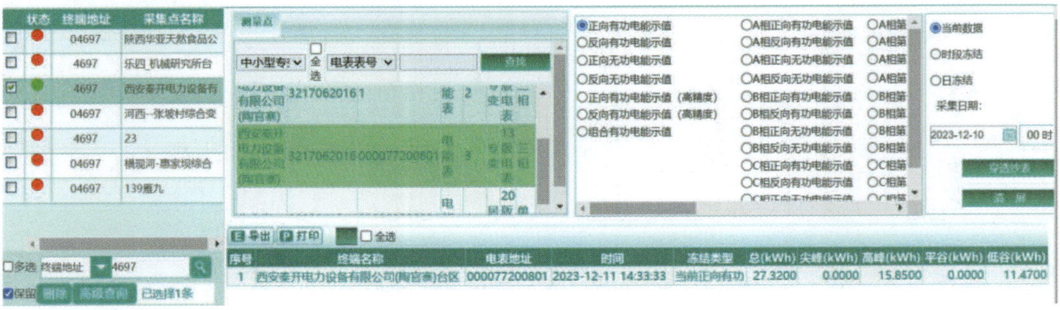

图9-2　穿透采集电能表数据

9.1.2　原因

电能表计量器件存在缺陷，性能出现故障，导致电能表无法准确计量。

9.1.3　解决方法

电能表本身重要组成部分存在缺陷的，发现后应及时更换电能表。

9.2　处理单元故障

处理单元故障时，电能表故障码如图9-3所示。

9.2.1　现象

（1）电能表死机。如电能表黑屏或屏显不轮流滚动会导致采集失败或电能表不走字。

（2）电能表时钟错误。如电能表内部电池电压偏低，一般小于3V（表计内部电池电压低、表计时钟异常，电能表显示错误代码Err-04、Err-07、Err-08，错误代码详情见附录C），电能表掉电后时钟出现混乱。

图 9-3　电能表故障码

（3）通信故障。

9.2.2　原因

（1）电能表软硬件崩溃，导致运行出错，从而出现死机情况。

（2）电能表长时间运行，表计内部电池欠压，导致电能表时钟混乱。

（3）电能表载波模块接口故障，或电能表载波模块故障。

9.2.3　解决方法

（1）电能表死机后无法正常运行时，需及时更换电能表。

（2）因表计内部电池欠压，导致电能表时钟混乱，可在采集系统进行表计校时，但遇停电事件后，依然会出现表计时差，无法校时可更换电能表，更换表计是最终的解决方案。

（3）电能表通信故障，可先更换电能表载波模块；更换模块后，仍无法正常通信可更换电能表。

9.3　显示故障

电能表故障如图 9-4 所示。

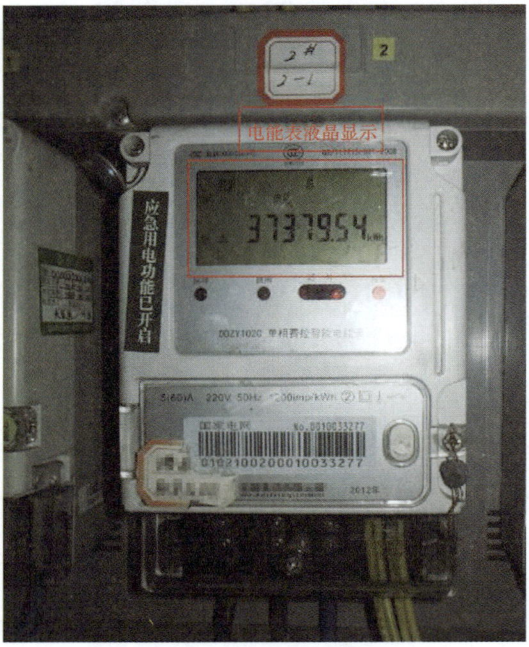

图 9–4　电能表故障

9.3.1　现象

（1）黑屏、花屏。

（2）显示乱码。

（3）彩虹现象。

（4）断续显示。

9.3.2　原因

电能表液晶显示屏损坏，导致显示出现问题。

9.3.3　解决方法

电能表显示出现故障一般情况下不影响计量，可更换电能表解决。

10 上行模块常见问题

上行模块是指集中器采用无线或者网络方式与采集系统主站数据交互时，安装在采集设备上负责采集设备与采集系统主站通信的设备。采用无线方式进行通信时，需要安装运营商提供的专用SIM卡；采用网络方式进行通信时，不需要安装SIM卡，需要连接网线或者光纤等。安装在采集设备上的上行模块出现故障时，则造成采集设备无法正常上线。

10.1 上行模块指示灯详情

上行模块指示灯如图10–1所示。

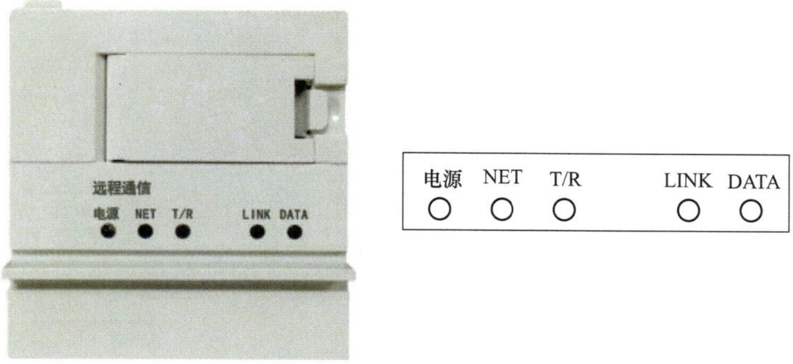

图10–1 上行模块

（1）电源灯。模块上电指示灯，红色，灯亮表示模块上电，灯灭表示模块失电。

（2）NET灯。通信模块与无线网络链路状态指示灯，绿色。

（3）T/R灯。模块数据通信指示灯，红绿双色，红灯闪烁表示模块接收数据，绿灯闪烁表示模块发送数据。

（4）LINK灯。以太网状态指示灯，绿色，灯常亮表示以太网口成功建立连接。

（5）DATA灯。以太网数据指示灯，红色，灯闪烁表示以太网口上有数据交换。

10.2 上行模块与终端通信异常

上行模块与终端通信异常，如图10-2所示。

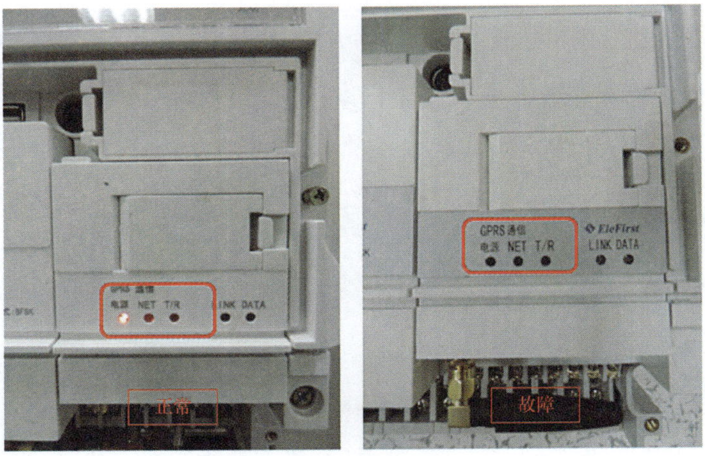

图10-2 上行模块状态灯

10.2.1 现象

（1）终端面板上的告警信息提示“终端与通信模块通信失败”。

（2）设备正常上电后，上行模块电源LED指示灯未常亮。

10.2.2 原因

（1）通信模块与终端不匹配或通信模块损坏，无法正常使用。

（2）远程通信单元与终端接口故障。

10.2.3 解决方法

（1）咨询设备厂家，设备与通信模块是否匹配；更换正常的通信模块测试。

（2）尝试更换远程通信单元，观察是否正常上线，若故障依然存在，需考虑更换终端。

10.3 上行模块与 SIM 卡故障

上行模块与SIM卡故障，如图10-3所示。

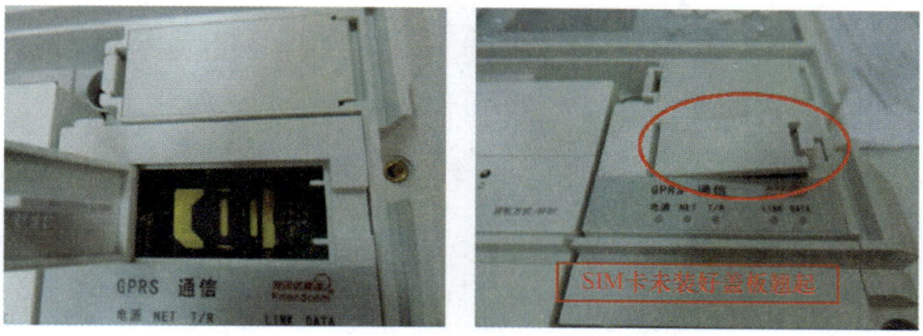

图10-3　上行模块安装异常

10.3.1　现象

终端面板上告警信息提示“读取SIM卡失败”或“链接主站失败”。

10.3.2　原因

（1）提示读取SIM卡失败。SIM卡插入卡槽情况下，设备无法读取SIM卡，需考虑SIM卡硬件故障或通信模块卡槽接触异常。

（2）提示链接主站失败。SIM卡已销户或终端安装位置通信状态差。

10.3.3　解决方法

（1）更换SIM卡或通信模块。

（2）更换SIM卡或转移终端安装位置，或延长天线长度至信号较大的开阔地带。

11 下行模块常见问题

下行模块是指集中器采用载波或者微功率方式（RS–485或网络方式时，该模块不起作用）与电能表进行数据交互时，安装在集中器、电能表等设备上负责集中器与电能表通信的设备。安装在集中器上的下行模块出现故障时，会造成集中器下所有电能表或部分电能表采集失败；安装在电能表上的模块出现故障时，则造成某个电能表数据采集失败。

11.1 主节点模块未正常通电

11.1.1 现象

设备正常上电后，下行模块电源LED指示灯（见图11–1）未常亮。

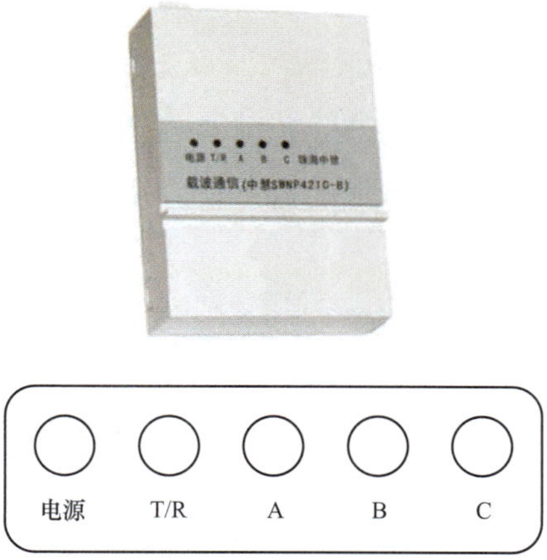

图11–1　下行模块

（1）电源灯。模块上电指示灯，红色灯亮表示模块上电，灯灭表示模块失电。

（2）T/R灯。模块数据通信指示灯，红绿双色，红灯闪烁表示模块接收数据，绿灯闪表示模块发送数据。

（3）A灯。A相发送状态指示灯，绿色灯亮，表示模块通过该相发送数据。

（4）B灯。B相发送状态指示灯，绿色灯亮，表示模块通过该相发送数据。

（5）C灯。C相发送状态指示灯，绿色灯亮，表示模块通过该相发送数据。

11.1.2 原因

（1）远程通信单元与终端接口故障。

（2）下行模块硬件故障。

11.1.3 解决方法

（1）载波通信单元排针弯折时，可尝试恢复原位。

（2）可尝试更换载波通信单元，观察LED灯闪烁是否正常，若故障依然存在，需考虑更换终端。

11.2 主节点模块单相或多相通信功能故障

11.2.1 现象

设备内电能表批量采集失败或全部采集失败。

11.2.2 原因

（1）设备内采集失败电能表数非常接近总电能表数的1/3或2/3时，多为模块单相或两相在载波通信故障。

（2）设备存在正确的电能表参数，全部电能表采集失败，且终端发起抄表命令，载波A、B、C三相指示灯没有进行红绿交替闪烁时，可判定载波模块故障。

11.2.3 解决方法

载波模块单相或多相通信功能故障，可通过更换载波模块解决。

附录 A

终端上行通信参数配置

国网四川省电力公司各供电公司终端上行通信参数配置见表A.1。

表A.1　各供电公司终端上行通信参数配置

序号	地市公司	终端类型	上行通信协议类型	运营商	主站 IP 地址	主站端口号	APN
1	国网成都供电公司	集中器	2009 版或 2013 版规约	移动、联通	10.11.16.2	8400	（1）移动网卡。 2G卡 APN设置 cdscdl.sc； 4G物联网卡 APN设置 cmiotscdl.sc； 4G现网卡 APN设置 cdscdlite.sc 。 （2）联通网卡。 2G卡 APN设置 cdscdl.sc； 4G卡 APN设置 hzcd005.scapn。 （3）电信网卡。 2G卡不设置 APN、只需设置账号密码，账号 1@sdlyxzx.vpdn.sc 密码 1； 4G卡 APN设置 public.vpdn，账号 1@sdlyxzx.vpdn.sc 密码 1
				CDMA 电信	192.168.1.5	8400	
			698 规约	移动、联通	10.11.16.2	29201	
				CDMA 电信	192.168.1.5	29207	

续表

序号	地市公司	终端类型	上行通信协议类型	运营商	主站 IP 地址	主站端口号	APN
1	国网成都供电公司	专用变压器终端	2009 版或 2013 版规约	移动、联通	10.11.16.2	8300	
				CDMA 电信	192.168.1.5	9002	
			698 规约	移动、联通	10.11.16.2	29202	
				CDMA 电信	192.168.1.5	29207	
		变电站	2009 版或 2013 版规约	移动、联通	10.11.16.2	9001	
2	国网达州供电公司	集中器	2009 版或 2013 版规约	移动、联通	10.11.16.2	8412	
				CDMA 电信	192.168.1.5	8400	
			698 规约	移动、联通	10.11.16.2	29209	
				CDMA 电信	192.168.1.5	29208	
		专用变压器终端	2009 版或 2013 版规约	移动、联通	10.11.16.2	8312	
				CDMA 电信	192.168.1.5	9002	
			698 规约	移动、联通	10.11.16.2	29209	
				CDMA 电信	192.168.1.5	29207	
		变电站	2009 版或 2013 版规约	移动、联通	10.11.16.2	9001	

续表

序号	地市公司	终端类型	上行通信协议类型	运营商	主站 IP 地址	主站端口号	APN
3	国网南充供电公司	集中器	2009 版或 2013 版规约	移动、联通	10.11.16.2	8403	
				CDMA 电信	192.168.1.5	8400	
			698 规约	移动、联通	10.11.16.2	29212	
				CDMA 电信	192.168.1.5	29208	
		专用变压器终端	2009 版或 2013 版规约	移动、联通	10.11.16.2	8303	
				CDMA 电信	192.168.1.5	9002	
			698 规约	移动、联通	10.11.16.2	29213	
				CDMA 电信	192.168.1.5	29207	
		变电站	2009 版或 2013 版规约	移动、联通	10.11.16.2	9001	
4	国网内江供电公司	集中器	2009 版或 2013 版规约	移动、联通	10.11.16.2	8405	
				CDMA 电信	192.168.1.5	8400	
			698 规约	移动、联通	10.11.16.2	29215	
				CDMA 电信	192.168.1.5	29208	
		专用变压器终端	2009 版或 2013 版规约	移动、联通	10.11.16.2	8305	
				CDMA 电信	192.168.1.5	9002	
			698 规约	移动、联通	10.11.16.2	29216	
				CDMA 电信	192.168.1.5	29207	
		变电站	2009 版或 2013 版规约	移动、联通	10.11.16.2	9001	

续表

序号	地市公司	终端类型	上行通信协议类型	运营商	主站 IP 地址	主站端口号	APN
5	国网宜宾供电公司	集中器	2009 版或 2013 版规约	移动、联通	10.11.16.2	8408	
				CDMA 电信	192.168.1.5	8400	
			698 规约	移动、联通	10.11.16.2	29218	
				CDMA 电信	192.168.1.5	29208	
		专用变压器终端	2009 版或 2013 版规约	移动、联通	10.11.16.2	8308	
				CDMA 电信	192.168.1.5	9002	
			698 规约	移动、联通	10.11.16.2	29219	
				CDMA 电信	192.168.1.5	29207	
		变电站	2009 版或 2013 版规约	移动、联通	10.11.16.2	9001	
6	国网自贡供电公司	集中器	2009 版或 2013 版规约	移动、联通	10.11.16.2	8407	
				CDMA 电信	192.168.1.5	8400	
			698 规约	移动、联通	10.11.16.2	29221	
				CDMA 电信	192.168.1.5	29208	
		专用变压器终端	2009 版或 2013 版规约	移动、联通	10.11.16.2	8307	
				CDMA 电信	192.168.1.5	9002	
			698 规约	移动、联通	10.11.16.2	29222	
				CDMA 电信	192.168.1.5	29207	
		变电站	2009 版或 2013 版规约	移动、联通	10.11.16.2	9001	

续表

序号	地市公司	终端类型	上行通信协议类型	运营商	主站 IP 地址	主站端口号	APN
7	国网泸州供电公司	集中器	2009 版或 2013 版规约	移动、联通	10.11.16.2	8409	
				CDMA 电信	192.168.1.5	8400	
			698 规约	移动、联通	10.11.16.2	29224	
				CDMA 电信	192.168.1.5	29208	
		专用变压器终端	2009 版或 2013 版规约	移动、联通	10.11.16.2	8309	
				CDMA 电信	192.168.1.5	9002	
			698 规约	移动、联通	10.11.16.2	29225	
				CDMA 电信	192.168.1.5	29207	
		变电站	2009 版或 2013 版规约	移动、联通	10.11.16.2	9001	
8	国网攀枝花供电公司	集中器	2009 版或 2013 版规约	移动、联通	10.11.16.2	8410	
				CDMA 电信	192.168.1.5	8400	
			698 规约	移动、联通	10.11.16.2	29227	
				CDMA 电信	192.168.1.5	29208	
		专用变压器终端	2009 版或 2013 版规约	移动、联通	10.11.16.2	8310	
				CDMA 电信	192.168.1.5	9002	
			698 规约	移动、联通	10.11.16.2	29228	
				CDMA 电信	192.168.1.5	29207	
		变电站	2009 版或 2013 版规约	移动、联通	10.11.16.2	9001	

续表

序号	地市公司	终端类型	上行通信协议类型	运营商	主站 IP 地址	主站端口号	APN
9	国网凉山供电公司	集中器	2009 版或 2013 版规约	移动、联通	10.11.16.2	8413	
				CDMA 电信	192.168.1.5	8400	
			698 规约	移动、联通	10.11.16.2	29230	
				CDMA 电信	192.168.1.5	29208	
		专用变压器终端	2009 版或 2013 版规约	移动、联通	10.11.16.2	8313	
				CDMA 电信	192.168.1.5	9002	
			698 规约	移动、联通	10.11.16.2	29231	
				CDMA 电信	192.168.1.5	29207	
		变电站	2009 版或 2013 版规约	移动、联通	10.11.16.2	9001	
10	国网绵阳供电公司	集中器	2009 版或 2013 版规约	移动、联通	10.11.16.2	8402	
				CDMA 电信	192.168.1.5	8400	
			698 规约	移动、联通	10.11.16.2	29233	
				CDMA 电信	192.168.1.5	29208	
		专用变压器终端	2009 版或 2013 版规约	移动、联通	10.11.16.2	8302	
				CDMA 电信	192.168.1.5	9002	
			698 规约	移动、联通	10.11.16.2	29234	
				CDMA 电信	192.168.1.5	29207	
		变电站	2009 版或 2013 版规约	移动、联通	10.11.16.2	9001	

续表

序号	地市公司	终端类型	上行通信协议类型	运营商	主站 IP 地址	主站端口号	APN
11	国网乐山供电公司	集中器	2009 版或 2013 版规约	移动、联通	10.11.16.2	8404	
				CDMA 电信	192.168.1.5	8400	
			698 规约	移动、联通	10.11.16.2	29236	
				CDMA 电信	192.168.1.5	29208	
		专用变压器终端	2009 版或 2013 版规约	移动、联通	10.11.16.2	8304	
				CDMA 电信	192.168.1.5	9002	
			698 规约	移动、联通	10.11.16.2	29237	
				CDMA 电信	192.168.1.5	29207	
		变电站	2009 版或 2013 版规约	移动、联通	10.11.16.2	9001	
12	国网德阳供电公司	集中器	2009 版或 2013 版规约	移动、联通	10.11.16.2	8401	
				CDMA 电信	192.168.1.5	8400	
			698 规约	移动、联通	10.11.16.2	29239	
				CDMA 电信	192.168.1.5	29208	
		专用变压器终端	2009 版或 2013 版规约	移动、联通	10.11.16.2	8301	
				CDMA 电信	192.168.1.5	9002	
			698 规约	移动、联通	10.11.16.2	29240	
				CDMA 电信	192.168.1.5	29207	
		变电站	2009 版或 2013 版规约	移动、联通	10.11.16.2	9001	

续表

序号	地市公司	终端类型	上行通信协议类型	运营商	主站 IP 地址	主站端口号	APN
13	国网广元供电公司	集中器	2009 版或 2013 版规约	移动、联通	10.11.16.2	8411	
				CDMA 电信	192.168.1.5	8400	
			698 规约	移动、联通	10.11.16.2	29242	
				CDMA 电信	192.168.1.5	29208	
		专用变压器终端	2009 版或 2013 版规约	移动、联通	10.11.16.2	8311	
				CDMA 电信	192.168.1.5	9002	
			698 规约	移动、联通	10.11.16.2	29243	
				CDMA 电信	192.168.1.5	29207	
		变电站	2009 版或 2013 版规约	移动、联通	10.11.16.2	9001	
14	国网巴中供电公司	集中器	2009 版或 2013 版规约	移动、联通	10.11.16.2	8416	
				CDMA 电信	192.168.1.5	8400	
			698 规约	移动、联通	10.11.16.2	29245	
				CDMA 电信	192.168.1.5	29208	
		专用变压器终端	2009 版或 2013 版规约	移动、联通	10.11.16.2	8316	
				CDMA 电信	192.168.1.5	9002	
			698 规约	移动、联通	10.11.16.2	29246	
				CDMA 电信	192.168.1.5	29207	
		变电站	2009 版或 2013 版规约	移动、联通	10.11.16.2	9001	

续表

序号	地市公司	终端类型	上行通信协议类型	运营商	主站 IP 地址	主站端口号	APN
15	国网广安供电公司	集中器	2009 版或 2013 版规约	移动、联通	10.11.16.2	8415	
				CDMA 电信	192.168.1.5	8400	
			698 规约	移动、联通	10.11.16.2	29248	
				CDMA 电信	192.168.1.5	29208	
		专用变压器终端	2009 版或 2013 版规约	移动、联通	10.11.16.2	8315	
				CDMA 电信	192.168.1.5	9002	
			698 规约	移动、联通	10.11.16.2	29249	
				CDMA 电信	192.168.1.5	29207	
		变电站	2009 版或 2013 版规约	移动、联通	10.11.16.2	9001	
16	国网眉山供电公司	集中器	2009 版或 2013 版规约	移动、联通	10.11.16.2	8406	
				CDMA 电信	192.168.1.5	8400	
			698 规约	移动、联通	10.11.16.2	29251	
				CDMA 电信	192.168.1.5	29208	
		专用变压器终端	2009 版或 2013 版规约	移动、联通	10.11.16.2	8306	
				CDMA 电信	192.168.1.5	9002	
			698 规约	移动、联通	10.11.16.2	29252	
				CDMA 电信	192.168.1.5	29207	
		变电站	2009 版或 2013 版规约	移动、联通	10.11.16.2	9001	

续表

序号	地市公司	终端类型	上行通信协议类型	运营商	主站 IP 地址	主站端口号	APN
17	国网资阳供电公司	集中器	2009 版或 2013 版规约	移动、联通	10.11.16.2	8414	
				CDMA 电信	192.168.1.5	8400	
			698 规约	移动、联通	10.11.16.2	29254	
				CDMA 电信	192.168.1.5	29208	
		专用变压器终端	2009 版或 2013 版规约	移动、联通	10.11.16.2	8314	
				CDMA 电信	192.168.1.5	9002	
			698 规约	移动、联通	10.11.16.2	29255	
				CDMA 电信	192.168.1.5	29207	
		变电站	2009 版或 2013 版规约	移动、联通	10.11.16.2	9001	
18	国网甘孜供电公司	集中器	2009 版或 2013 版规约	移动、联通	10.11.16.2	8420	
				CDMA 电信	192.168.1.5	8400	
			698 规约	移动、联通	10.11.16.2	29278	
				CDMA 电信	192.168.1.5	29208	
		专用变压器终端	2009 版或 2013 版规约	移动、联通	10.11.16.2	8320	
				CDMA 电信	192.168.1.5	9002	
			698 规约	移动、联通	10.11.16.2	29279	
				CDMA 电信	192.168.1.5	29207	
		变电站	2009 版或 2013 版规约	移动、联通	10.11.16.2	9001	

续表

序号	地市公司	终端类型	上行通信协议类型	运营商	主站 IP 地址	主站端口号	APN
19	国网阿坝供电公司	集中器	2009 版或 2013 版规约	移动、联通	10.11.16.2	8418	
				CDMA 电信	192.168.1.5	8400	
			698 规约	移动、联通	10.11.16.2	29275	
				CDMA 电信	192.168.1.5	29208	
		专用变压器终端	2009 版或 2013 版规约	移动、联通	10.11.16.2	8318	
				CDMA 电信	192.168.1.5	9002	
			698 规约	移动、联通	10.11.16.2	29276	
				CDMA 电信	192.168.1.5	29207	
		变电站	2009 版或 2013 版规约	移动、联通	10.11.16.2	9001	
20	国网雅安供电公司	集中器	2009 版或 2013 版规约	移动、联通	10.11.16.2	8419	
				CDMA 电信	192.168.1.5	8400	
			698 规约	移动、联通	10.11.16.2	29272	
				CDMA 电信	192.168.1.5	29208	
		专用变压器终端	2009 版或 2013 版规约	移动、联通	10.11.16.2	8319	
				CDMA 电信	192.168.1.5	9002	
			698 规约	移动、联通	10.11.16.2	29264	
				CDMA 电信	192.168.1.5	29207	
		变电站	2009 版或 2013 版规约	移动、联通	10.11.16.2	9001	

续表

序号	地市公司	终端类型	上行通信协议类型	运营商	主站 IP 地址	主站端口号	APN
21	国网遂宁供电公司	集中器	2009 版或 2013 版规约	移动、联通	10.11.16.2	8417	
				CDMA 电信	192.168.1.5	8400	
			698 规约	移动、联通	10.11.16.2	29266	
				CDMA 电信	192.168.1.5	29208	
		专用变压器终端	2009 版或 2013 版规约	移动、联通	10.11.16.2	8317	
				CDMA 电信	192.168.1.5	9002	
			698 规约	移动、联通	10.11.16.2	29267	
				CDMA 电信	192.168.1.5	29207	
		变电站	2009 版或 2013 版规约	移动、联通	10.11.16.2	9001	
22	国网天府供电公司	集中器	2009 版或 2013 版规约	移动、联通	10.11.16.2	8400	
				CDMA 电信	192.168.1.5	8400	
			698 规约	移动、联通	10.11.16.2	29201	
				CDMA 电信	192.168.1.5	29207	
		专用变压器终端	2009 版或 2013 版规约	移动、联通	10.11.16.2	8300	
				CDMA 电信	192.168.1.5	9002	
			698 规约	移动、联通	10.11.16.2	29202	
				CDMA 电信	192.168.1.5	29207	
		变电站	2009 版或 2013 版规约	移动、联通	10.11.16.2	9001	

续表

序号	地市公司	终端类型	上行通信协议类型	运营商	主站 IP 地址	主站端口号	APN
23	国网四川岷江供电有限责任公司	集中器	698 规约	移动、联通	10.11.16.2	29260	
				CDMA 电信	192.168.1.5	29207	
		专用变压器终端	698 规约	移动、联通	10.11.16.2	29261	
				CDMA 电信	192.168.1.5	29207	
		变电站	2009 版或 2013 版规约	移动、联通	10.11.16.2	9001	

附录 B 用户类型的判定规则

B.1 判定方式

采集系统用户的客户类型有两种判定方式，第一种来自SG186营销业务系统中采集用户类型模块下的用户类型维护，第二种来自采集系统依据SG186营销业务系统的用户信息进行的用户类型判断，若两种判定条件同时满足，第一种判定方式优先。

B.2 第二种客户类型的判定规则

采集系统第二种客户类型的具体判定规则见表B.1。

表B.1 采集系统第二种客户类型的判定规则

用户类型	判定规则						
	用户用电类别	接线方式	变压器属性	用户合同容量（kVA）	计量点是否装表	用户状态	计量点用途
大型专用变压器	非考核		专用	≥ 100	装表	非销户	
中小型专用变压器	非考核		专用	＜ 100	装表	非销户	
三相工商	非居民照明 非工业 普通工业 普通工业中小化肥 商业用电	三相三线 三相四线			装表	非销户	

续表

用户类型	判定规则						
	用户用电类别	接线方式	变压器属性	用户合同容量（kVA）	计量点是否装表	用户状态	计量点用途
单相工商	非居民照明 非工业 普通工业 普通工业中小化肥 商业用电	单相			装表	非销户	
居民	居民生活用电 乡村居民生活用电 城镇居民生活用电 中小学教学用电				装表	非销户	
公用变压器考核点	考核		公用		装表	非销户	台区供电考核
注 所有规则均不符合的默认为低压居民（变电站、统调、非统调用户除外）。							

B.3 特殊类型用户

因变电站、统调、非统调用户，在SG186营销业务系统中不能提供特殊的用户信息供采集进行客户类型判断，故此类特殊用户只能采取第一种判定方式，即SG186营销业务系统用户类型的维护。

附录 C
智能电能表错误代码详解

C.1　国家电网有限公司电能表故障代码说明

电能表故障代码说明见表 C.1。

表 C.1　电能表故障代码说明

异常名称	异常类型	异常代码	故障说明	备注
控制回路错误	电能表故障	Err–01	当剩余金额为 0 元时，电能表继电器断开，触发控制开关断电。当开关或电能表出现异常，电能表仍能继续用电时，递减 1kWh 后，液晶显示“Err–01”；断电后，“Err–01”消失，再继续走 1kWh 后，显示“Err–01”，当用户购电后，会自动扣除透支电费，“Err–01”消失	单相表规范已定义
ESAM 错误	电能表故障	Err–02	安全芯片 ESAM 出现故障，需更换 ESAM 或电能表	单相表规范已定义
内卡初始化错误	电能表故障	Err–03		
时钟电池电压低	电能表故障	Err–04	电池电压低，液晶有电池显示“”符号，如果停电后，电能表时间会丢失，此时需要更换电能表	单相表规范已定义
内部程序错误	电能表故障	Err–05		无意义
存储器故障或损坏	电能表故障	Err–06		
时钟故障	电能表故障	Err–08	时间错误，需要观察电能表时间是否有问题	单相表规范已定义

续表

异常名称	异常类型	异常代码	故障说明	备注
认证错误	IC卡相关提示	Err-10	加密失败或远程更新密钥失败	单相表规范已定义
ESAM验证失败	IC卡相关提示	Err-11		
客户编号不匹配	IC卡相关提示	Err-12	用户卡或远程下发参数，用户号错时会提示	
充值次数错误	IC卡相关提示	Err-13	用户卡或远程下发参数时，购电次数错时会提示	
购电超囤积	IC卡相关提示	Err-14	设置成“999999.99”为最大值，超购电囤积（购电时如果剩余金额+本次购电金额>囤积进金额限值，则出现该提示）	有液晶提示符号
现场参数设置卡对本表已经失效	IC卡相关提示	Err-15	连着多次对一只表插一张现场参数卡则第2次就会出现该提示，或先插入一张现场参数设置卡版本号大的卡，再插入一张比上次版本号小的卡，就会出现该提示，或现场参数卡的次数用光了	
修改密钥错误	IC卡相关提示	Err-16	正式密钥下的ESAM，插入测试密钥下的修改、密钥卡出现该错误	单相表规范已定义
未按铅封键	IC卡相关提示	Err-17	编程时，未按编程键	
提前拔卡	IC卡相关提示	Err-18	插卡时，拔卡过快	
修改表号卡满（该卡无空余表号分配）	IC卡相关提示	Err-19	表号卡次数已满	
修改密钥卡次数为0	IC卡相关提示	Err-20	修改密钥次数为0（修改密钥次数用完）	
表计已开户（开户卡插入已经开过户的表计）	IC卡相关提示	Err-21	已经开过户的表，再插一次新做好的开户卡	
表计未开户（用户卡插入还未开过户的表计）	IC卡相关提示	Err-22	已经用过的购电卡，插入未开户的表中，要求2只表表号一致	

续表

异常名称	异常类型	异常代码	故障说明	备注
卡损坏或不明类型卡（如反插卡，插铁片等）	IC卡相关提示	Err-23	反插卡、插铁片	
表计电压过低（此时表计操作IC卡可能会导致表计复位或损害IC卡）	IC卡相关提示	Err-24	表计电压过低时，插卡会出现该提示	
卡文件格式不合法（包括帧头错、帧尾错、校验错）	IC卡相关提示	Err-25		
卡类型错	IC卡相关提示	Err-26	如果用户卡或现场参数卡的用户类型与参数预制卡的用户类型不一致，插入用户卡或者现场参数卡会出现该提示	
已经开过户的新开户卡（新开户卡回写区有数据）	IC卡相关提示	Err-27	已经开过户的新开户卡（已经用过的开户卡，插入未开户的表中，要求2只表的表号一致）	
其他错误（卡片选择文件错、读文件错、写文件错等）	IC卡相关提示	Err-28	表号错、购电次数不为1的开户卡等会出现该提示	
过载	事件类异常	Err-51	用户使用负荷大于的1.2倍的最大电流时，会出现该提示	
电流严重不平衡	事件类异常	Err-52	对单相表无意义	
过压	事件类异常	Err-53	电压大于1.15U_n	
功率因数超限		Err-54	用户环境功率因数小于0.2，会出现该提示	
超有功需量报警事件	事件类异常	Err-55		
有功电能方向改变（双向计量除外）	事件类异常	Err-56	进出线反了，会出现该提示，同时有“⬅”闪烁	

C.2 采集设备事件代码详解

采集设备（终端、集中器）具备自动感知自身以及电能表运行状态变化的能力，当感知到状态变化时将采用事件的模式自动记录变化信息，并按照约定的方案将该类信息上报，详见表C.2。

表C.2 采集设备事件代码详解

事件名称	事件类型	事件代码	事件说明	备注
数据初始化和版本变更	终端事件	ERC1	当终端数据初始化或者终端软件版本变更事会产生该事件。数据初始化包含终端中采集的数据初始化和终端参数初始化（所谓初始化可以理解为数据清除）。终端软件变更通常是终端软件升级引起，每个厂家终端的软件都定义了详细版本后，终端升级后版本号会变化	该事件由终端产生
参数丢失	终端事件	ERC2	当终端检测到常用参数（上行通信参数、终端逻辑地址、终端事件配置等）或者测量点参数（如测量点基本参数、电能表交流采样等）被清除时，会产生参数丢失事件	该事件由终端产生
参数变更	终端事件	ERC3	当用户修改终端参数或者测量点参数时，会产生该事件。例如用户修改终端心跳、测量点抄表时间等参数	该事件由终端产生
状态量变位	终端事件	ERC4	当状态量发生变化（从0到1或从1到0），终端会产生该事件	该事件由终端产生
遥控跳闸	终端事件	ERC5	用户在采集主站远程下发负控终端跳闸命令（通常是要求直接跳闸）后，会产生遥控跳闸事件	该事件由负控终端产生。遥控跳闸可实现立刻下发命令现场立刻跳闸断电功能
功控跳闸记录	终端事件	ERC6	用户在采集主站通过功率控制信息（当功率超出某个阈值）对负控终端执行跳闸命令后，会产生该事件	该事件由负控终端产生。用户通过功控跳闸实现功率控制、降负荷目的

续表

事件名称	事件类型	事件代码	事件说明	备注
电控跳闸记录	终端事件	ERC7	用户在采集主站通过电量控制信息（当用电量触发某个阈值时）对负控终端执行跳闸命令后，会产生该事件	该事件由负控终端产生。用户通过电控跳闸，实现催费缴费等功能
电能表参数变更	终端事件	ERC8	当电能表参数（电能表费率时段、电能表编程时间、电能表最大需量清零等）发生变化时产生该事件。此事件终端通过电能表抄表数据来完成判断	该事件由终端产生
电流回路异常	终端事件	ERC9	终端监测到下挂电表接入线路电流发生短路、开路或者电流反向时，会生成电流回路异常记录。发生该异常时，终端会记录最近一次抄表的正向有功总电能示值	该事件由终端产生
电压回路异常	终端事件	ERC10	终端监测到下挂电表接入线路电压发生断相或者失压时，会生成电压回路异常记录。发生该异常时，终端会记录最近一次抄表的正向有功总电能示值	该事件由终端产生
相序异常	终端事件	ERC11	终端监测到下挂电表接入线路的三相电压相序错误，会生成对应测量点相序异常记录事件。发生该异常时，终端会记录对应测量点正向有功总电能示值	该事件由终端产生
电能表时间超差	终端事件	ERC12	终端监测到下挂电表时钟与当前时钟差值达到预警阈值时，会生成电能表事件超差异常记录。该事件会记录电表测量点号以及时钟异常发生时刻	该事件由终端产生
电表故障信息	终端事件	ERC13	终端监测到下挂电能表编程次数、需量清零次数、失压次数、停电次数发生变化，或电能表电池欠压时，会生成电能表故障信息记录。该事件会记录测量点号、发生时间、异常标志信息	该事件由终端产生
终端停/上电	终端事件	ERC14	终端监测到接入线路发生停电或者上电时，会生成终端停 / 上电记录。该记录包含停电或上电发生时刻，停电或上电事件标志。终端依据接入线路电压、电流数据来研判是否发生了停电 / 上电	该事件由终端产生

续表

事件名称	事件类型	事件代码	事件说明	备注
谐波越限告警	终端事件	ERC15	终端监测到电能表接入线路谐波电压含有率超阈值后，会生成谐波越限告警事件	该事件由终端产生
直流模拟量越限记录	终端事件	ERC16	终端监测到线路直流模拟量超下限或上限后，会生成直流模拟量越限事件记录。记录包含发生时间、端口号、越限标志等	该事件由终端产生
电压/电流不平衡度越限记录	终端事件	ERC17	终端监测到下挂电能表电压不平衡度超阈值或者电流不平衡度超阈值，会生成电压/电流不平衡度越限事件记录。该事件包含发生时间、各相电压电流，以及电压不平衡度/电流不平衡度值	该事件由终端产生
电容器投切自锁记录	终端事件	ERC18	终端监测到下挂电能表电容器组出现过压、装置故障或执行回路故障时，会产生电容器投切自锁记录。该记录包含测量点号、异常标志、电容器组标志、越限发生时功率因数、越限发生时无功功率、越限发生时电压	该事件由终端产生
购电参数设置记录	终端事件	ERC19	专变终端监测到终端中总加组有购电控参数下发时，会生成购电参数设置事件记录。该事件包含参数设置时间，购电前剩余电量、购电后剩余电量，跳闸门限、告警门限等	该事件由终端产生

附录 D
数据采集内容

按照当前业务需要，采集系统采集的内容见表D.1。

表D.1　采集系统采集的内容

序号	冻结类型	数据项	大型专用变压器	中小型专用变压器	三相工商	单相工商	低压居民	公用配电变压器	变电站	重点户	水气热
1	日冻结	正向有功电能示值	√	√	√	√	√	√	√	√	
2		正向无功电能示值	√	√	√			√	√		
3		反向有功电能示值	√	√	√			√	√	√	
4		反向无功电能示值	√	√	√			√	√		
5		四象限无功电能示值	√	√				√	√		
6		分项电能示值						√			
7		需量	√	√	√	√	√	√	√	√	

续表

序号	冻结类型	数据项	大型专用变压器	中小型专用变压器	三相工商	单相工商	低压居民	公用配电变压器	变电站	重点户	水气热
8	日冻结	电压统计	√	√	√	√	√	√	√	√	
9		电流统计	√	√	√	√	√	√	√	√	
10		负载率统计	√	√				√			
11		功率统计	√		√	√		√	√	√	
12		日通信流量	√	√				√			
13		日供电时间、日复位累计次数	√	√	√	√	√		√	√	
14		功率因数区段累计时间	√	√	√	√	√	√	√	√	
15		电能表断相数据	√	√							
16		购用电信息	√		√	√	√			√	
17		终端事项	√	√				√			
18		水气热表码									√
19	月冻结	正向有功电能示值	√	√	√	√	√	√	√		
20		正向无功电能示值	√	√	√			√	√		
21		反向有功电能示值	√	√	√			√	√		
22		反向无功电能示值	√	√	√			√	√		
23		四象限无功电能示值	√	√				√	√		
24		需量	√	√							

续表

序号	冻结类型	数据项	大型专用变压器	中小型专用变压器	三相工商	单相工商	低压居民	公用配电变压器	变电站	重点户	水气热
25	月冻结	负载率统计	√	√				√			
26		总加组日累计电能量		√							
27		电压统计						√			
28	时段冻结	电压	√	√	√	√	√	√	√	√	
29		电流	√	√	√	√	√	√	√	√	
30		有功功率	√	√	√	√	√	√	√	√	
31		无功功率	√	√	√	√	√	√	√	√	
32		功率因数	√	√				√	√		
33		正向有功总电能示值	√	√	√	√	√	√	√	√	
34		反向有功总电能示值	√	√	√	√		√	√		
35		正向无功总电能示值	√	√	√	√		√	√		
36		反向无功总电能示值	√	√	√	√		√	√		
37		正向有功总电能量							√		
38		正向无功总电能量							√		
39		反向有功总电能量							√		
40		反向无功总电能量							√		

附录 E
采集数据频度

变电站、专用变压器、配电变压器密度常规需要15min采集一次，重要的计量点和信息需要5min采集一次，具体数据密度见表E.1。

表E.1　采集数据频度

序号	冻结类型	数据项	大型专用变压器	中小型专用变压器	三相工商	单相工商	低压居民	公用配电变压器	变电站	重点户	水气热
1	日冻结	正向有功电能示值	1日	1日	1日	1日	1日	1日	1日	1日	
2		正向无功电能示值	1日	1日	1日			1日	1日		
3		反向有功电能示值	1日	1日	1日			1日	1日	1日	
4		反向无功电能示值	1日	1日	1日			1日	1日		
5		四象限无功电能示值	1日	1日				1日	1日		
6		分项电能示值						1日			

续表

序号	冻结类型	数据项	大型专用变压器	中小型专用变压器	三相工商	单相工商	低压居民	公用配电变压器	变电站	重点户	水气热
7	日冻结	需量	1日	1日	1日	1日	1日	1日	1日	1日	
8		电压统计	1日	1日	1日	1日	1日	1日	1日	1日	
9		电流统计	1日	1日	1日	1日	1日	1日	1日	1日	
10		负载率统计	1日	1日				1日			
11		功率统计	1日		1日	1日	1日	1日	1日	1日	
12		日通信流量	1日	1日				1日			
13		日供电时间、日复位累计次数	1日	1日	1日	1日	1日		1日	1日	
14		功率因数区段累计时间	1日	1日	1日	1日	1日	1日	1日	1日	
15		电能表断相数据	1日	1日							
16		购用电信息	1日	1日	1日	1日	1日			1日	
17		终端事项	1日	1日				1日			
18		水气热表码									1日
19	月冻结	正向有功电能示值	1月	1月	1月	1月	1月	1月	1月		
20		正向无功电能示值	1月	1月	1月			1月	1月		
21		反向有功电能示值	1月	1月	1月			1月	1月		
22		反向无功电能示值	1月	1月	1月			1月	1月		
23		四象限无功电能示值	1月	1月				1月	1月		

续表

序号	冻结类型	数据项	大型专用变压器	中小型专用变压器	三相工商	单相工商	低压居民	公用配电变压器	变电站	重点户	水气热
24	月冻结	需量	1月	1月							
25		负载率统计	1月	1月				1月			
26		总加组日累计电能量		1月							
27		电压统计						1月			
28	时段冻结	电压	5min	5 min		1h	1 h	5 min	15 min	1 h	
29		电流	15 min	15 min		1 h	1 h	5 min	15 min	1 h	
30		有功功率	15 min	15 min		1 h	1 h	5 min	15 min	1 h	
31		无功功率	15 min	15 min		1 h	1 h	5 min	15 min	1 h	
32		功率因数	15 min	15 min				5 min	15 min		
33		正向有功总电能示值	15 min	15 min		1 h	1 h	15 min	15 min	1 h	
34		反向有功总电能示值	15 min	15 min		1 h		15 min	15 min		
35		正向无功总电能示值	15 min	15 min		1 h		15 min	15 min		
36		反向无功总电能示值	15 min	15 min		1 h		15 min	15 min		
37		正向有功总电能量							15 min		
38		正向无功总电能量							15 min		
39		反向有功总电能量							15 min		
40		反向无功总电能量							15 min		